U0364773

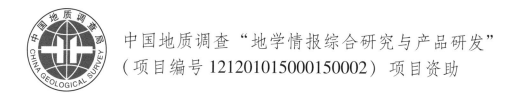

中国地质调查"地学情报综合研究与产品研发"
（项目编号 121201015000150002）项目资助

回溯百年沧桑史　共叙地调人文情

——地球科学与文化研讨会文集（2016）

中国地质图书馆　编

地质出版社

·北京·

内 容 提 要

本文集是中国地质图书馆承担的"地学情报综合研究与产品研发"项目成果之一，收录了 2016 年地球科学与文化研讨会论文共 33 篇，包括中国地质调查工作百年回顾与展望、新时期地质精神的传承与发展、新媒体时代的地质科学传播三个方面的研究内容。文集的出版将为社会各界开展中国地质调查史研究、地质文化建设研究等工作提供重要参考。

图书在版编目（CIP）数据

回溯百年沧桑史　共叙地调人文情——地球科学与文化研讨会文集（2016）/中国地质图书馆编.
—北京：地质出版社，2017.1
　　ISBN 978 – 7 – 116 – 10267 – 5

　　Ⅰ.①回… Ⅱ.①中… Ⅲ.①地球科学 – 文集 Ⅳ.
①P – 53

　　中国版本图书馆 CIP 数据核字（2017）第 026801 号

Huisu Bainian Cangsangshi Gongxu Didiao Renwenqing

责任编辑：韩　博　白　铁　于春林
责任校对：王　瑛
出版发行：地质出版社
社址邮编：北京市海淀区学院路 31 号，100083
电　　话：(010) 66554528（邮购部）；(010) 66554623（编辑室）
网　　址：http://www.gph.com.cn
传　　真：(010) 66554623
印　　刷：北京地大彩印有限公司
开　　本：787 mm × 1092 mm $\frac{1}{16}$
印　　张：11.25
字　　数：300 千字
版　　次：2017 年 1 月北京第 1 版
印　　次：2017 年 1 月北京第 1 次印刷
定　　价：45.00 元
书　　号：ISBN 978 – 7 – 116 – 10267 – 5

回溯百年沧桑史 共叙地调人文情
——地球科学与文化研讨会文集（2016）

编 委 会

主　　任：刘延明

副主任：蔡　纲　单昌昊　薛山顺　赵　余

编　　委：（按姓氏笔画排序）

丁群安　刁淑娟　马翠凤　王学评　王春宁

王海华　吕　鹏　刘振锋　李淑英　陈　萍

张小敏　金真针　赵可录　高　潮　梁　忠

黄育群

主　　编：梁　忠

副主编：谭正敏　李玉馨　安丽芝

编 辑 说 明

在中国地质调查工作 100 周年之际，为深入贯彻 2016 年全国地质调查工作会议精神，培育和践行新时期地质工作者核心价值观，激励广大地质工作者以全新的眼光、全新的姿态、全新的举措投身"十三五"地质调查工作主战场，中国地质图书馆于 2016 年 11 月 13 日在北京举办了地球科学与文化研讨会。国土资源部相关司局、中国地质调查局相关部门、部分省地勘局及地调院、高校院所等单位的领导、专家和代表近 120 人出席了大会。会议围绕"回溯百年沧桑史 共叙地调人文情"这一主题进行了深入交流和探讨。与会者认为，中国地质调查工作 100 年之际，开展地球科学与文化研讨会，对于继承"三光荣"传统、弘扬"李四光"精神，践行新时期地质工作者核心价值观，探索推进新时期地质文化建设，抢占地质事业精神高地具有重要的作用和意义。

会议筹备组共收到会议来稿 41 篇，特精选 33 篇汇编于《回溯百年沧桑史 共叙地调人文情——2016 年地球科学与文化研讨会论文集》，以期与社会各界文化学者共勉。

主要内容包括百年来地质机构变迁、重大事件、人物故事、人才培养，地质文化的传承与发展，新时期地质工作者核心价值观的培育，新媒体时代的地质科学的创新与传播等。

本文集的编辑和出版，凝聚了许多同志的辛勤劳动。徐梦华、谭正敏、章茵、焦奇、徐红燕、赵小平、万京民、刘澜等同志参加了论文的初审；李玉馨、安丽芝负责论文的编辑工作；梁忠负责文集的审定工作。因篇幅所限，有些文章未能登选，有些文章在不影响原意的基础上，进行了删节，敬请作者谅解。本文集的编辑出版，得到了中国地质调查局领导的关心和支持，得到了全国地质行业兄弟单位的大力协助，得到了论文投稿者的积极参与，在此表示衷心感谢！

中国地质图书馆

2016 年 11 月

目　　录

不忘初心　沿着地质先辈的光辉足迹继续前进

——在 2016 年地球科学与文化研讨会上的讲话

李海清

（中国地质调查局　北京　100037）

尊敬的各位来宾、同志们：

金菊吐丝，枫林如火。在这美好的时节，我们相聚在这里，以"回溯百年沧桑史，共叙地调人文情"为主题，召开 2016 年地球科学与文化研讨会，共同回顾 100 年来中国地质调查工作走过的风雨历程，纪念老一辈地质工作者的丰功伟绩，弘扬地质行业优良文化传统。在此，我谨代表中国地质调查局向会议的召开致以热烈祝贺和美好祝愿，向在座的专家学者及广大地质工作者致以诚挚的问候。

100 年前，以章鸿钊、丁文江、翁文灏为代表的地质先驱们为"兴学办矿，实业救国"，创立了地质调查所，提出了"中国的土地应由中国人自己来勘探"的主张，并由此开启了中国人独立开展地质研究和地质调查工作的新篇章。第四纪冰川的发现、燕山运动的创立等重大成果，不断续写着中国地质调查事业的拓荒史。

新中国成立以来，以李四光为代表的地质先辈以保障国家建设资源为己任，本着为国建功的忠诚和信念，努力推动成矿理论和找矿技术方法创新。经过几代地质人的努力，相继发现和探明了一大批矿产资源，奠定了强国富民的基石，为经济社会发展做出了重要贡献。

回顾过去，我国地质调查事业从无到有，由小到大，由弱到强，走过了一条艰难曲折而又波澜壮阔的发展之路。地质先辈们不仅给我们留下了丰厚的物质财富——建立了百年地调基业；更是给我们留下了宝贵的精神财富——形成了百年地质文化。

新中国成立前，留洋回国的饱学之士积极投身地质调查事业，以实业救国的实际行动诠释着地质行业的爱国情怀。新中国成立初期，以李四光、黄汲清、谢家荣为代表的老一辈地质学家，形成了"矢志不渝的爱国情怀、坚持真理的科学品格、强烈执着的创新意识、诲人不倦的师表风范和严谨求实的工作作风"的"李四光精神"。

改革开放以来，地质调查事业进入一个全新的发展阶段。地质工作与科技创新的实践，为地质文化的发展提供了肥沃的土壤与不竭的源泉。在"李四光精神"基础上，形成了以献身地质事业为荣、以艰苦奋斗为荣、以找矿立功为荣的"三光荣"精神。"三光荣"精神是 20 世纪 80 年代以来地质事业的灵魂，也是鼓舞新时期青年人投身地质工作并建功立业的精神动力和力量源泉。多年的实践证明，"三光荣"精神作为地质工作的优良传统，在培养敢打硬仗的地质队伍、推动地质事业科学发展等方面起到了积极的作用。

在迎接地调工作百年来临之际，中国地质调查局党组提出了"责任、创新、合作、奉献、清廉"的新时期地质工作者的核心价值观，以此作为新时期地质工作者的精神指引。新时期地质工作者核心价值观折射出了百年地质文化的底蕴，体现了地质工作的特色，赋予了新的时代内涵。

在两个地调百年承前启后的关键时期，中国地质调查局党组提出新时期地质工作者核心价值观，并要求我们践行之，就是要让我们在继承"三光荣"传统，弘扬李四光精神的基础上，不忘初心沿着地质先辈的光辉足迹继续前进，紧紧围绕中国地质调查局提出的"全力支撑能源资源安全保障，精心服务国土资源中心工作"的基本定位，为下一个地调百年续写新的篇章。

今天，我们共同追溯地调百年发展历程，探讨地质行业人文精神，恰逢其时、立意深远。借此机会，我谈几点意见。一要不忘初心，沿着地质先辈的足迹继续前进。我们要继续坚定地忠于党的地质调查事业，通过回顾地质先辈所走过的道路，来追溯我们最初的地质梦想，永葆奋斗精神，永怀赤子之心，争取在下一个百年创造新的辉煌。二要以纪念中国地质调查百年为契机，推进地质文化建设。把践行新时期地质工作者核心价值观作为当前地质文化建设的重点内容。深入开展新时期核心价值观的学习教育，要以地质大讲堂、宣传栏、网站等为宣传载体，积极开展新时期核心价值观的宣讲，让新时期核心价值观落地生根。三要进一步加强地质文化理论研究。要坚持以党的十八大、十八届三中、四中、五中全会和习近平总书记系列重要讲话精神为指导，坚持以社会主义核心价值体系和核心价值观为引领，坚持社会主义先进文化前进方向，以改革创新为动力，紧贴当前地质调查工作实际，进一步加强地质文化理论研究，努力为繁荣地质文化、推动地质调查工作科技创新发展提供理论支撑。

各位来宾、同志们，站在新的地调百年起点，回顾过去，展望未来，我们将以实际行动诠释"责任、创新、合作、奉献、清廉"十个字的深刻内涵。不忘初心，砥砺前进，用自己的智慧和汗水，让地质调查工作在实现中国梦中更有作为，更加出彩。

预祝研讨会获得圆满成功，谢谢！

中国地质教育理念与精神的百年演变

杜向民

（长安大学　陕西　西安　710064）

摘　要：一部中国地质教育史，是中国百年时代精神精华的浓缩与再现。中国地质教育理念和精神的历史演变分为 4 个阶段。中国地质教育创始期的理念与精神；新中国成立初期地质教育的理念与精神；改革开放带来地质教育的理念与精神变革；面向 21 世纪的中国地质教育理念与精神。传承和弘扬优秀的中国地质精神，光大中国地质教育理念与思想，对于中国地质教育事业的健康发展具有重要的战略意义。

关键词：爱国精神；创业精神；创新精神；艰苦奋斗精神；发展理念；服务社会理念

自 1909 年京师大学堂设地质学门至今，中国地质教育已走过 107 年的风雨历程。历史与逻辑相统一，一部中国地质教育史，是中国近现代社会发展史的侧影；一部中国地质教育理念与精神史，是中国百年时代精神精华的浓缩与再现。历史是一面镜子，解读与回味之，对于中国地质教育事业的健康持续发展具有重要意义。

中国地质教育理念与精神蕴含于中国地质事业和地质教育萌生阶段，并在百年的历史时空中不断演变、积淀、传承、创新，成为推动中国地质教育和地质事业前进发展的不竭动力。中国地质教育理念和精神的历史演变可划分为 4 个阶段。

1　中国地质教育创始期的理念与精神（1909—1949 年）

这一阶段，中华民族经历了鸦片战争、辛亥革命、抗日战争、解放战争，灾难深重、饱受凌辱，政治、经济、文化、军事等多重因素的作用，催生了我国地质教育的萌芽与发展，并且决定了其与国家兴亡、民族命运紧密联系。在这一大的历史背景下，中国地质教育理念和精神集中体现出以下 4 点特质。

1.1　矿业兴国、兴学图强的爱国精神

鸦片战争后，我国门户洞开，腐败昏聩的清皇朝在西方列强的坚船利炮面前接连溃败。日益深重的民族危机使国人警醒、反思，章鸿钊、丁文江、翁文灏、李四光等一批抱有"矿业兴国"、"兴学图强"忧患意识从国外学成归来，拉开了中国地质教育的序幕。

孙中山在他的《建国方略》中指出："矿业者为物质文明与经济进步之极大主因

也"[1]。在其《实业计划》的六大计划中，就有一部分是"矿业发展"。中华民国乍一成立就在实业部设立矿务司并专门设立地质科。

章鸿钊曾说"……调查中国地质者大有人在，顾未闻国人有注意及此者。夫以国人之众，竟无一人，焉得详神州一块土之地质，一任外人之深入吾腹地而不之知也，已可耻矣！且以我国幅员之大，凡矿也、工也、农也、文地理也，无一不与地层相需。地质不明，则弃力于地亦必多，农不知土壤所宜，工不知材料所出，商亦不知货其所有，易其所无，如是而欲国之不贫且弱也，其可得乎"[2]。正是基于这样的原因，他与丁文江推动了地质研究所的成立，培养了中国第一代地质学家，为中国地质科学事业的发展奠定了基础。

翁文灏留有许多诗作，足以表现其救国图存、发展地质教育的宏大志愿："我虽年少知自勉，须扶衰弱佐中华"（记述赴欧学习地质学以图科学救国）；"破浪东风勤自勖，燕都专业植霓虹"（记述青年时期从比利时学成归国，培养第一批中国自己的地质学家）；"自问平生乐事秋，纵横禹甸作良游"（记述主持中国第一个调查所，从事大量调查研究）；"自问才非济世佳，凭何救国作安排"（记述目睹国事日非、敌寇侵略，以天下兴亡为己任，故而以书生从政）等。字里行间洋溢着他对民族危难的悲痛和科学救国、实业救国的澎湃激情。

李四光一生都秉持着孙中山先生亲笔书赠给他的"努力向学，蔚为国用"的爱国信念。他从造船专业改学地质，创立了独具一格、富有特色的地质力学、中国第四纪冰川地质学说等，这些都是在与帝国主义洋"学者"的斗争中成长丰富起来的。他把科学研究和爱国主义很好地结合起来，提倡建设有中国特色的地质科学，他说："我们这么大的国家，有这么大的地方，为什么不从我们自己这里找点东西出来……如果不在国内真正做些踏实的工作，做出自己的结论来，就很容易陷入被动的圈子里去。"

抗日战争爆发后，饱受战争洗礼的近代中国知识分子在"科学救国"思想的支撑下，以强烈的爱国精神艰难维系着中国近代教育事业的前行步伐，创造了以"国立西南联合大学"为代表的一批高等学校于绝处逢生的教育史"奇迹"。合并组成西南联大的3所大学各有特点，因为爱国精神而求同存异形成了"刚毅坚卓"的校训，也正是在这种精神的指引下，西南联大推进了地质教育跨越生死存亡得以延续和发展。

老一辈地质学家多是怀着科学救国和找矿富国的理想献身于祖国地质事业的。在敌寇入侵、国家危亡的生死关头，他们满怀爱国热情，克服了种种难以想象的困难，在幅员辽阔的祖国大地上镌刻下一行行浅浅深深的足迹，做出了宝贵的开创性贡献。

1.2 科学兴国的坚定信念

中西文化的根本区别在于两种不同的终极关怀，中国在几千年的历史中把人本哲学做得精益求精，西方则把自然真理做得淋漓尽致。在国门失陷、一落千丈的民族危亡之机，觉醒了的知识分子自然把目光聚焦于西方的工具理性——科学。以"民主与科学"为旗帜的五四新文化运动就是这一时期的历史性标志。

梁启超《变法通议》第一章就开宗明义地引用了地质学的知识作为理论论据："法何

以必变？凡在天地之间者，莫不变。昼夜变而成日，寒暑变而成岁；大地肇起，流质炎炎，热熔冰迁，累变而成地球……故夫变者，古今之公理也"[3]。中国地质事业的奠基者和老一辈地质学家，坚定选择了走实业救国、科学救国的道路，地质学的兴起推动了中国封建社会的变革，地质事业在中国得到发展，则是中国社会变革的产物。中国的地质事业应由中国人自己来完成，然而要想开展地质工作，必须有一定数量的专门人才。翁文灏曾说地质研究所是："以中国之人，入中国之校，从中国之师，以研究中国之地质者，实自兹始"[4]。章鸿钊说："国家一切远大的事业，非从教育着手，是绝对不会成功，过去种种失败原因，只在这一点。民国以后地质学界的成绩，就是从教育方面收得的结果，将来如要更上一层，还得在教育方面努力"[5]。20 世纪 20 年代，在美国威斯康星大学学习化学的张伯声先生，幸遇长他 11 岁的谭锡畴先生，请教"哪种学问可以救国"？在谭先生的启发下他改学地质学，并辗转芝加哥大学、斯坦福大学潜心深造，最终饱学而归，为祖国地质事业做出了卓越的贡献。

1.3　兼容并蓄、崇实致用的教育理念

地质学是一门复杂性科学，知识体系庞杂，外向关联度极高，实践依赖性强，且与人类经济社会环境联系密切。由于中国的特殊国情，加上地质学本身的特点，使得中国地质教育从一开始就有兼容并蓄、崇实致用的理念自觉。

翁文灏在《地质研究所师弟修业记》序言中写道："科学之为物……，阙道惟二：一曰观察事实，二曰推原始终。……地质学，科学中之后起者也；吾国地质尤世界言地质者之新进也。……欲图斯学之进步亦惟有担斧入山，披荆棘斩榛莽，以求益吾事实上之知识而已"[4]。

丁文江在考察了英国和美国的地质教育之后指出，英国地质教育实习太少，学生野外训练不够；美国地质教育的缺陷在于过早专业化和给予学生太多的自由[6]。丁文江经常告诫学生："登山必到峰顶，移动必须步行"，"近路不走走远路，平路不走走山路"[7]。

纵览丁文江 1913 年地质研究所（实为专科学校）和 1929 年翁文灏筹建的清华大学地学系的课程设置，所表现的地质教育理念是一致的，即：重视基础（专业基础、数理化及外语）、兼容并蓄（开设多门地理学及气象学气候学等课程）、理论联系实际（开设经济地理学等课程）、重视实践教学。中国早期地质教育十分重视实践教学，以地质研究所为例，学生在校 3 年，共安排 11 次野外实习，累计天数达 106 天。无疑强化实践教学，对于培养学生野外工作能力和吃苦耐劳品格具有不可多得的意义。

1.4　积极探索、大胆创新的开拓精神

战争年代，时局动荡，地质工作的条件十分恶劣，老一辈地质学家怀揣科学救国的赤子之心，在中国这片欧亚大陆的地质处女地上积极探索，大胆创新，开展地质调查、科学研究和地质教育工作，开创性地进行了地层、古生物、构造地质等基础地质工作，为新中国成立后我国大规模的地开展地质矿产调查、开发与科学研究奠定了基础，获得了一系列重大科学发现，创新了地质学理论。例如翁文灏关于甘肃大地震的地质调查，

开创了用构造活动性研究地震的先河；孙云铸关于中国寒武纪三叶虫的研究，奠定了中国寒武系下、中、上三分的化石依据；裴文中周口店猿人的研究结果奠定了"北京猿人"的国际地位；李四光创立了地质力学理论、中国第四纪冰川学说、鑝科鉴定新理论……新中国成立前中国地质学在某些重要领域达到了当时的国际水平，为新中国地矿事业的发展奠定了基础。

2 新中国成立初期地质教育的理念与精神（1949—1966 年）

1949 年，新中国成立后，百废待兴、百业欲振，中华民族饱历百年屈辱之后，所释放出的巨大精神能量是新中国快速发展的一股强大动力。为了适应经济建设迅速发展和地矿工作全面展开的急切需要，地质教育事业蓬勃发展起来，地质教育的理念与精神也体现出新的时代特质。

2.1 服务国家经济建设的教育发展理念

1949 年第一次全国教育工作会议明确指出，为了满足新中国经济建设与发展对矿产资源的迫切需求，地质工作已成为"国家经济建设的重要事业"，因而提出了"教育为国家经济建设服务"的总方针。1951 年，李四光理事长在中国地质学会第 26 届年会上发表"在毛泽东旗帜下的地质工作者"的开幕词，他说："中国地质人要为新政权的经济建设服务，地质学将有更光明的前途"。毛泽东在 1956 年听取地质部工作汇报时说："地质部是地下情况的侦查部，地质工作搞不好，一马挡路，万马不能前行。"

如火如荼的社会主义建设赋予中国地质教育前所未有的勃勃生机。短短 17 年，建成初具规模的地质教育体系，在师资培养、基础建设、实验室建设及教育体制改革等方面都取得了显著的成就。截至 1966 年，除地质部 3 所地质学院外，全国 30 多所院校设有地质系或地质专业，另有 37 所地质类中等专业学校，为国家培养研究生、本科生、专科生、中专生累计 11 万人。

2.2 勤俭办学、艰苦奋斗的创业精神

20 世纪五六十年代地质教育物质条件极差，衣衫褴褛，常常食不果腹，但人们的精神生活却非常富有，各高校的广大师生以饱满的热情投身于火热的发展与建设事业之中。

西安地质学校创建之初（1953 年），校舍不足，常常露天上课，点油灯自习，小凳与图板作桌椅（甚至砖块作凳，膝盖作课桌），师生自制教具、自编教材，席棚瓦舍作实验室，废旧设备做实验器具，老师提着马灯辅导学生、查看宿舍，每一个人都无怨无悔地为学校的发展做着力所能及的贡献。

北京地质学院的林墨荫堪称当时地质教育工作者的一个典范。他嗜学如命，每天工作到深夜，没有节假日，翻译了大量的英俄日文献，他对党和祖国一片忠诚，虽蒙不白之冤，蹲过牛棚、受过"劳动改造"却毫无抱怨，一心扑在教学与实验室的建设中，硬是凭一己之力建成了堪与世界任何陈列馆媲美的岩石陈列馆[8]。

2.3 教育与生产劳动相结合的实践理念

1957 年 10 月 9 日，毛泽东在党的八届三中全会上提出了"又红又专"的思想。他指出："我们各行各业的干部都要努力精通技术和业务，使自己成为内行，又红又专。"同年，他在《正确处理人民内部矛盾的问题》一书中指出："我们的教育方针，应该使受教育者在德育、智育、体育几方面都得到发展，成为有社会主义觉悟的有文化的劳动者"。1962 年，高等教育部印发《关于高等教育部直属高等学校（扩大）理工科教学工作会议》的报告，着重指出："高等学校还存在着严重的、尖锐的阶级斗争。今后要引导师生参加三大革命运动（阶级斗争、生产斗争、科学实验），在实际斗争的锻炼中，培养又红又专的无产阶级革命事业接班人。"

这一时期，为了培养又红又专的地质人才，各高校和中等工业学校一方面大力建设有特色的野外实习基地；另一方面组织在校学生赴专业地质队进行生产实习，毕业论文和毕业设计在"真刀真枪"的要求下，纷纷结合生产实习内容进行选题和学术研究，逐步从旧中国"地质旅行"方式，转为一切教学活动为经济建设服务，开创了中国地质教育的新模式。为响应中央号召，各地质院校抽调 1.8 万名师生参加到地质调查与找矿工作中去，完成了大量的区域地质、水文地质图幅，发现 4500 多个矿化点[9]。

2.4 "到艰苦地方去"的献身精神

20 世纪 50 年代，一曲嘹亮的"地质队员之歌"回荡在三山五岳的峻岭深谷间，唱出了所有地质人"火一样的"豪情，唱出了中国地质事业的时代精神。

"地质者寞落之学科也，非艰苦卓绝之士不敢学。学焉之非淡泊宁静，遗弃一切纷华荣利，穷老深山亦不能竟其业"[10]。地质工作的性质决定了地质工作者常年跋山涉水、风餐露宿，在人迹罕至的地方艰苦奋斗，甚至牺牲生命。新中国成立初期，是包含地质教育在内的中国地质事业发展的关键时期。正是凭借着这种"哪里需要哪安家"的献身精神，才有了一个个的矿藏、油田的发现，一份份基础地质研究报告的完成，才有了新中国建设事业的迅速发展。

温家宝同志回忆说"我在毕业的时候曾写过两份血书，要求自愿到西藏去，青年人只要坚持自己的理想和信念，就一定能取得成功"[11]。温家宝最终在研究生毕业之后去了甘肃，当时甘肃地质局有意留他在局里工作，他却毅然选择了偏远的张掖区调队。温家宝是这一时期中国地质人献身精神的一个缩影。

2.5 以苏联为师的专业教育指导思想与模式

"以俄为师"、学习苏联教育经验曾经是新中国成立初期的教育方针，从 1952 年起，我国参照苏联模式对大学的类型、学科、布局进行了大规模调整，翻译苏联教育的理论著作和教材，邀请苏联专家担任教育部顾问、学校的顾问和教师，派遣留学生到苏联学习等。在此之前，我国高等学校只设系科未分专业，苏联高等学校则是按专业培养人才。这次调整之后，我国基本上采用了苏联高等学校的专业目录，开始依据专业设置来进行人才培养。例如，北京地质学院从教学计划、课程设置和教材等都仿照莫斯科地质勘探学院；北京大学地质学专业在 1955 年恢复招生时，其教学计划是参照 1949 年莫斯科大学和列宁格勒大学地质学系的教学计划，结合我国综合大学地质学系的实际情况和国家需要而拟定的。

可以说，建国初期，我国教育取得了长足的发展是有目共睹的事实。地质教育伴随着新中国教育发展的大潮迎来了春天，高等地质教育学科体系基本形成，为新中国的建设发展输送了大批人才。"文革"十年，中国地质教育严重受挫。地质教育工作在动荡的社会环境中踟蹰前行。中国地质教育一度处于缩招、停办与解散的边缘。政治挂帅、德育第一、教育与生产劳动相结合等教育思想被"以阶级斗争为纲"空洞的政治口号所取代，历时半个多世纪富养而成的地质教育理念在"左倾"泛滥的思潮中遭到严重扭曲。

3 改革开放以来地质教育的理念与精神变革(1976—2000 年)

改革开放是我国社会发展的一个历史性转折点，标志着中国已开启全面现代化的历史阶段，由此而来的是中国的政治、经济和整个社会的全面转型。顺应这一历史的转折，地质教育事业也在调整着自己的发展理念与模式。

3.1 "三个面向"的教育发展指导思想

1983 年，邓小平提出"教育要面向现代化、面向世界、面向未来"的教育发展思想，为我国教育事业在新时期的发展指明了方向。这一思想的核心是面向现代化，即面向中国社会现代化建设与改革的实际需要，面向科学技术发展的现代化潮流，教育必须转变观念、改革体制、完善制度建设，扎实推进教育内容、教育方法、教育手段与办学条件的现代化建设。中央 1985 年颁布的《关于教育体制改革的决定》，1993 年颁布的《中国教育改革发展纲要》是这一时期体现"三个面向"思想并指导中国教育发展的纲领性文件。

3.2 适应社会主义市场经济要求的地质教育改革理念

20 世纪 80 年代以后，随着我国开始实施计划经济体制向市场经济体制的转轨，建立在严格计划经济体制和基础上的教育体制越来越不适应迅速发展变化着的社会主义市场经济发展的需要。因此，在中共中央 1985 年颁布《关于教育体制改革的决定》以后，地质教育全面推进体制改革，并逐步向更深层次展开。改革集中体现为，适应市场经济体制发展要求，逐步转变不同政府部门对地质教育的分割管理，政府从高度集权的统一管理逐步转为以指导、协调服务为主的宏观管理；扩大学校自主权，面向社会依法自主办学，并逐步建立自主发展和自我约束的发展运行机制；推进学校内部管理体制改革，转变运行机制，试行岗位聘任制、绩效考核制等，提高办学效益；探索招生和毕业生分配制度的改革[12]。

3.3　由"服务经济建设"向"全面服务经济社会"的理念转变

随着中国现代化战略的快速推进和科学技术的迅猛发展，传统地质学已突破原来单一的"矿产资源"和"服务于工业"的内涵，地球科学的问题域向经济、社会、环境各方面全方位拓展。地矿部党组于1993年明确提出了"四个转变"的地质教育发展思路，体现了我国地质教育在教育体制改革、学科建设、专业设置、课程设置、科学研究、社会服务、文化传承诸方面发生着"全面服务经济社会"的理念变革[13]。

3.4　依法办学的教育发展理念

改革开放以来，国家相继颁布了《义务教育法》《教育法》《教师法》《高等教育法》等法律，并颁布了《中国教育改革发展纲要》《中国教育振兴行动计划》等纲领性文件，为我国地质教育的发展提供了充分的法律依据和战略指导思想。

3.5　大众化教育发展理念

1998年教育部根据党的"十五大"精神，颁布了以"全面推进教育的改革和发展，提高全民族的素质和创新能力"为主旨的《中国教育振兴行动计划》，提出了2000年高等教育的入学率提高到11%，2010年达到15%的发展目标，标志着我国进入了大众化教育的历史阶段。从1999年开始，我国高等地质教育抢抓机遇，办学规模大幅攀升。1999年至2008年，全国招收地学类本专科生74.25万人，2008年招收地学类专业本专科生18.6万人，是此前10年（1993—2002年）的总和。

大众化高等教育的特点是应用性和多样化，人才培养规格由原来的学术型变为"学术＋应用＋社会服务型"。意味着地质教育要在"阳春白雪"和"下里巴人"的理念之间寻找适度的张力，既要建设一支具有高水平理论研究和教学能力的师资队伍，又要关注大众化教育背景下学生素质提高、知识汲取、技能获得、广泛的社会适应性等多样化诉求。学校面临着学科设置、专业设置、课程设置、教学内容、教学方法全面改革的任务[14]。

4　面向21世纪的中国地质教育理念与精神

伴随新世纪的到来，我国进入全面建设小康社会的历史阶段，资源环境压力增大，地球科学的功能与地位日显突出，另一方面，地质工作人才又面临总量不足、一线人才严重不足、创新人才不足、领军人才不足、人才机制不完善的困境，这给中国地质教育提出了新的挑战，同时带来新的发展机遇。

4.1　坚持社会主义办学方向、立德树人的发展理念

在2010年召开的第四次教育工作会议上，胡锦涛指出："要全面贯彻党的教育方针，坚持教育为社会主义现代化建设服务，为人民服务，与生产劳动和社会实践相结合，培

养德智体美全面发展的社会主义建设者和接班人"。党的十八大首次把"立德树人"写入党的全国代表大会报告,十八大以来,习近平同志高度重视培养什么人、怎样培养人这一根本问题,反复强调落实"立德树人"、培养中国特色社会主义事业的合格建设者和可靠接班人。

坚持社会主义办学方向,就是要紧紧围绕培养中国特色社会主义事业合格建设者和可靠接班人这个根本任务,把社会主义核心价值体系建设融入办学全过程,推动马克思主义和中国特色社会主义理论进教材、进课堂、进学生头脑。

社会主义价值体系占据着真理与道义的高地,最能给青年学生以正确的人生引导和智慧的启迪。尤其是在市场经济社会背景下,地学类专业因其职业去向的野外性、流动性和艰苦性,对学生进行理想信念教育和艰苦奋斗精神教育就显得尤为重要。

4.2 可持续发展的地学教育界理念

中国社会经济结构的优化、调整和改革,要求中国地质教育不仅关心矿产资源问题,更要关注包括土地、水、地质灾害、大气污染、全球气候变化等资源和环境生态安全问题。随着全面建设小康社会历史阶段和大众化教育时代的到来,传统地质教育的内涵已经由传统地质学拓展到地球系统科学,地学教育的目的已升华到"人本关怀"、"永续发展"的高度,功能定位已由狭隘的专业知识教育拓展到素质培养与创新能力提高的功能域。地学教育的途径与时限逐步突破单一的学校模式,衍生出远程教育、网络学习、终生学习等教育形式。

"在目前中国社会的可持续发展中,我们正面临着四个方面的挑战:资源储量不足、环境恶化、自然灾害的威胁、科技发展与世界先进水平的距离拉大的危险。上述四方面的严峻挑战,都与地球科学有直接的关系。此外,国民素质的提高关系到一个民族的前途……很难想象一个缺乏地球科学知识,一个对自己生活的地球缺乏了解和感情的民族是一个高素质的民族"。"在地球科学知识的普及方面,地球科学家肩负着重要的历史任务"[15]。

4.3 地质教育中的地球系统科学理念

21 世纪,传统地质学的概念逐步被地球系统科学概念所取代,地球系统科学要求对地球物质客体各要素、各层次作整体观照。地球科学的知识体系变得空前繁复,衍生出大量的交叉学科和综合性学科。传统地理系、水文地质、工程地质、气象学、土壤学、土地资源学、比较行星地质学等均纳入地球系统科学的知识体系之中。同时,观察、观测、探测、测试、分析、实验及数字化信息技术手段与方法层出不穷,人类对地球系统的认知层次不断深入,要素与关系、功能与结构分析不断精细,过程预见日益准确,整体观照日益全面。

地球系统科学时代需要地学研究与地学教育转变传统思维习惯,掌握系统思维的方法论原则,大致包括:①高视点大视野审视地学对象与问题;②多角度多知识域审视地学对象与问题;③多层次审视地学对象与问题;④注意地球物质客体要素的多元多样性、结构的多层多重性、要素与层次间的互动互馈性;⑤注意在过程中由迭代所引起的非线性关系；⑥用最佳手段获取科学事实；⑦用现代数理方法及高性能计算机整理、分析科学事实；⑧用前沿理论解释科学事实。

4.4 建设世界一流地学教育的发展理念

经过新中国成立后 60 多年尤其是改革开放 20 多年的发展，中国地质教育在学科与专业体系、知识体系、师资队伍、教学与科研条件建设方面取得了一系列非凡的成就，多所院校多个学科进入"211"工程和"985"平台体系，这为新世纪中国地质教育奠定了坚实的发展基础。2010 年颁布的《国家中长期教育改革和发展规划纲要（2010—2020）》提出了"加快建设一流大学和一流学科"和"加快创建世界一流大学和高水平大学的步伐"的战略要求。2015 年 10 月，为实现我国从高等教育大国到高等教育强国的历史性跨越，国务院印发了《统筹推进世界一流大学和一流学科建设总体方案》，在新的起点上对我国高等教育"双一流"发展战略做出了具体部署。国家高等教育"双一流"发展战略的实施，为我国地学教育确立了鲜明的目标导向，开拓了广阔的发展空间。地学教育争创世界一流大学和一流学科，已经成为地学教育工作者和整个地学界的光荣使命。

地学教育要创建世界一流大学和一流学科，一是要确立一流的地学教育观，引领行业和社会的发展；二是要建设一流的师资队伍，特别是一流的学术领军人才队伍；三是要建设一流的大学发展环境，特别是制度环境；四是一流的教育培养能力和水平；五是一流的科学研究能力和水平。

5 几点思考

1）中国地质教育不像西方以浪漫的"旅行地质学"形式为肇始，带有纯科学的意味。中国地质教育理念与精神从一开始就渗透着民族觉醒、独立与解放的强烈意识，带有悲壮的色彩。

2）新中国成立以来，中国地质教育理念与精神和民族复兴的梦想融为一体，在一定程度上是社会主义制度、国家发展战略与社会主义意识形态的具体表现。

3）中国地质教育理念与精神的演变是中国社会近现代史的一条逻辑线索，每一时期都有不同的时代内涵。但始终不变的是它所蕴含的民族文化和行业文化，如自强不息、艰苦奋斗、辩证观物等价值理念和致思方法，特别是由此而沉淀生成的"三光荣"精神，已经成为地质行业的宝贵精神财富。

4）在地学教育推进一流大学和一流学科建设中，要继续传承和弘扬"三光荣"精神，以自强不息、艰苦奋斗为底蕴的"三光荣"精神，将会历久弥新，成为不可或缺的精神动力。地学教育、地学人才的培养能不能过得硬，除了知识和物质技术要素之外，这是不能缺少的精神之"钙"。

总之，传承和弘扬优秀的中国地质精神，光大中国地质教育理念与思想，对于中国地学教育事业的健康发展，建设地学教育强国，对于培养社会主义合格建设者和可靠接班人具有重要的战略意义。

参 考 文 献

[1] 邵水清. 为什么说中国的地质调查是从1916年开始的[N]. 中国矿业报, 2006 - 10 - 27.

[2] 章鸿钊. 六六自述[M]. 武汉: 武汉地质学院出版社, 1987.

[3] 梁启超. 变法通议自序——梁启超选集[M]. 上海: 上海人民出版社, 1984.

[4] 地质研究所. 地质研究所师弟修业记[M]. 北京: 京华印书局, 1916.

[5] 章鸿钊. 中国地质学发展小史[M]. 上海: 商务印书馆, 1937.

[6] 于洸. 试论中国地质学会早期活动的一些特点——地质学识论丛(第四期)[M]. 北京: 地质出版社, 2002.

[7] 丁海曙. 学习伯父丁文江——地质学识论丛(第五期)[M]. 北京: 地质出版社, 2009.

[8] 刘光鼎. 悲痛的怀念——追忆地质学家林墨荫同志——地质学识论丛(第四期)[M]. 北京: 地质出版社, 2002.

[9] 《当代中国》丛书编辑部. 当代中国的地质事业[M]. 北京: 中国社会科学出版社, 1990.

[10] 陈宝国. 浅谈翁文灏的科学思维和教育思想——地质学识论丛(第四期)[M]. 北京: 地质出版社, 2002.

[11] 钱夙洲. 重新叫响到祖国最需要的地方去[N]. 湖北日报, 2011 - 4 - 5.

[12] 薛平. 地质教育50年[J]. 中国地质教育, 1999, (10): 9 ~ 12.

[13] 黄宗理. 地矿部高等地质教育改革的实践与思考[J]. 中国地质教育, 1998, (1): 27 ~ 28.

[14] 潘懋元. 高等教育大众化面临的困难[N]. 光明日报, 2014 - 9 - 3.

[15] 中科院地学部"中国地球科学发展战略"研究组. 中国地球科学发展战略的若干问题: 从地学大国走向地学强国[M]. 北京: 科学出版社, 1998.

作者简介: 杜向民 (1957—), 男, 黑龙江省明水县人, 长安大学党委书记, 教授, 硕士生导师, 主要研究方向: 高等教育管理学, 科研评价

文化、地质文化与地调工作

宋宏建

（河南省地质矿产勘查开发局　郑州　450000）

摘　要：本文从文化的定义、功用和内涵入手，试图对文化以及地质文化确立一个精确的概念，并结合我国 1999—2010 年底的新一轮青藏高原地质大调查，阐述地调工作与推动地质文化大繁荣的内在关联，热情讴歌了地质队伍代代承继的"三光荣"优良传统和"四特别"行业精神。

关键词：文化；地质文化；地调工作

1　文化的定义、功用、内涵

关于文化的定义，中国见于最早的典籍是《周易》的《贲卦·象传》（贲，bì，饰也。这里指易经卦名，离下艮上，象征着可以有小利，且可以有所往的意思；彖，tuàn会意字，从彑（jì，猪头）从豕（shǐ），本义指"包边、包括"，引申为"总括、说明"，"彖辞"是专用术语，指"总括之辞"。《易经》贲卦的象辞上讲："刚柔交错，天文也；文明以止，人文也。观乎天文以察时变，观乎人文以化成天下"。意思是说天生有男有女，男刚女柔，刚柔交错是天文，即自然；人类据此而结成一对对夫妇，又从夫妇而化成家庭、国家、天下，这是人文、是文化。这里的天文指天道自然，人文指社会人伦。治国家者必须观察天道自然的运行规律，以明耕作渔猎之时序；又必须把握现实社会中的人伦秩序，以明君臣、父子、夫妇、兄弟、朋友等等级关系，使人们的行为合乎文明礼仪，并由此而推及天下，以成"大化"。人文区别于自然和神理，区别于成功和武略，区别于质朴和野蛮，有精神教化之义、文治教化之义或文明、文雅之义。所以说人文标志着人类文明时代与野蛮时代的区别，标志着人之所以为人的人性。

《现代汉语词典》里对"文化"的解释为："人类在社会历史发展过程中所创造的物质财富和精神财富总和，特指精神财富，如文学、教育、科学等。"其实"文化"不是一个名词或概念，而是一个"文而化之"的过程。套用《易经》中"观乎人文以化成天下"的解释，"文化"顾名思义就是"文明＋人化"，即通过观察人间百态而提炼出精炼的理论，从实践到认识再实践再认识，最后升华为稳定的观念和价值观，再拿来指导人们的行动。简单概括，文化指人类在社会历史发展进程中创造的各种文明对后人所产生

13

的正能量的教化与影响。有文无化的民族是可悲的，缺乏主旋律文化的民族是可怕的，这里所谓的正能量，就是指能够推动社会进步的积极因素，比如古代的酷刑酷吏、男人留长辫、女人裹小脚之类绝对是文化糟粕。

从这个意义上讲，文化的主要功用：

一是打造软实力。有句话叫：硬实力不行不打自败，软实力不行不打自败。文化既然是"文明的人化"，就不仅影响到每个人，而且与国家、民族的政治、经济、军事、科技等息息相关。《三国演义》里，曹操把文化用到了军事上，产生了"望梅止渴"这个成语。《史记》中总结，刘邦把文化用到了政治、经济、治理国家和干部制度上（夫运筹策帷帐之中，决胜于千里之外，吾不如子房，镇国家，抚百姓，给馈饷，不绝粮道，吾不如萧何，连百万之军，战必胜，攻必取，吾不如韩信，此三人者，皆人杰也，吾能用之，此吾所以取天下也），最后当上了皇帝。而他与项羽在"光宗耀祖"的共同认识上，诞生了不朽的文学《大风歌》（大风起兮云飞扬，威加海内兮归故乡，安得猛士兮守四方）和"锦衣夜行"（楚霸王攻占咸阳后有人劝其定都，可因思念家乡急于东归的他却说：富贵不归故乡，如衣绣夜行，谁知之者）这个成语。

二是培育主旋律。联合国教科文组织提出："发展最终应以文化概念来定义，文化的繁荣是发展的最高目标"。党的十七届六中全会也指出，"文化越来越成为民族凝聚力和创造力的重要源泉、越来越成为综合国力竞争的重要因素、越来越成为经济社会发展的重要支撑，丰富精神文化生活越来越成为我国人民的热切愿望"。如今的社会，连讨饭的乞丐都知道，流氓不可怕，就怕流氓有文化。

三是凝聚正能量。因为文化是民族的血脉，是人民的精神家园，必须担负文化铸魂、文化启智、文化塑人、展现人们正向追求的功能。《水浒传》里的"梁山泊英雄排座次"，明眼人都知道宋江是在利用文化来糊弄人，而《史记》中记载没文化的陈胜和吴广，起义前也会"往鱼肚子里塞布条"来装神弄鬼。

关于文化的内涵，我特别赞成作家梁晓声先生概括的4句话："文化是根植于内心的修养，是无需提醒的自觉，是以约束为前提的自由，是为别人着想的善良。"由此看来，文化与学历、资历并不完全相关，但与心灵的修炼绝对相关。

2 地质文化与地质调查

什么叫地质（地勘、地矿）文化？首先说明这是一种行业文化。我们知道，一个行业的文化、历史才是其灵魂和根基。再从"文明"和"人化"的角度说：地质文化应是由地质人所创造的具有鲜明行业特点的物质、精神、政治、社会、生态"五位一体"文明的总和，是地质人的生存状态、美好愿景，以及最终归属的真实反映。例如"三光荣"传统和"四特别"精神。而地学文化的外延广泛，它不管是什么人创造，凡与大地有关的即可。

地质文化研究的对象是宇宙，包括天体、陆地、海洋。天体是星体和星际物质的通称：如太阳系中的太阳、行星、卫星、小行星、彗星、流星、行星际物质，银河系中的恒星、星团、星云、星际物质，以及河外星系、星系团、超星系团、星系际物质等。陆地包括高山、平川、草原、湿地、沙漠、冰川与雪域。海洋最简单，也有江河湖泊和岛礁。总而言之，地质文化因其领域涉及自然科学、社会科学以及许多前沿学科，所以通贯古今，包容万物，博大精深。地质工作者长年累月奔波于荒无人烟的崇山峻岭，踏遍了祖国的山山水水，艰苦的行业经历与感受，色彩斑斓的民族文化、地域文化的熏陶和对灵魂的撞击，无疑是创造与弘扬地质文化独特的优势所在。

去年受国土资源作协副主席郭友钊先生委托，为其最新出版的报告文学《国家大宝藏》撰写书评，复制几段笔者的文字如下：

电视连续剧《先遣连》，是一部弘扬汉藏团结、展示人性光辉深度的英雄主义史诗。她记载了建国初期由李狄三率领 137 位官兵组成的"英雄先遣连"，从新疆于阗出发翻越海拔 6420 m 昆仑山的进藏故事。"先遣连"九死一生，在冰雪绝地里牺牲近百人，仅 1951 年 3 月 7 日一天就举行 11 次葬礼，10 个月后抵达目的地时只剩 36 人。然而在国土资源系统，只要提起在地质大调查中（1999—2010 年底）将魂魄化作高原雄鹰的队员们，我们同样禁不住热泪盈眶：如四川省地质调查院被落石砸中而献身的陈朝荣 40 岁，被匪徒残忍杀害的曾令宏 27 岁、吴连仕 30 岁、李建军 30 岁、黄立言 34 岁；如成都地质调查中心所被崖壁塌方掩埋的乔多吉 43 岁、民工米玛 18 岁，因车祸死亡的徐建峨 46 岁、刘正蓉 54 岁、翟辉 26 岁；如新疆维吾尔自治区地质调查院在热风暴中遇难的周志强 18 岁、苏云 29 岁，在采样时失踪 3 年才发现遗骨的贾志新 38 岁，因舍身忘我而拖病去世的随队女医生焦立 41 岁；如陕西省地矿局于 2012 年 2 月 17 日在可可西里失踪、至今仍下落不明的荣洁 23 岁、杨能昌 36 岁、高崇民 53 岁……

历经磨难之后今天还健在的，如连续 8 年跑青藏高原并发现了青藏铁路沿线 6 个铁矿异常带的王德发，在飞行禁区"禁飞航线"上航空磁测 10 年安全无事故的熊盛青，在大场 16 年"为新青海建设找矿的地质人"王德福等已大名鼎鼎。但是，那些把生命中最美好的岁月都奉献在青藏高原，至今仍默默无闻、普普通通的地质队员，何止于成千上万？

广袤无垠的青藏高原，囊括了西藏自治区和青海省全部、四川省西部、新疆维吾尔自治区南部，以及甘肃、云南的一部分；拥有喜马拉雅山山脉、昆仑山山脉、祁连山山脉、喀喇昆仑山脉、横断山脉、唐古拉山脉、冈底斯山、念青唐古拉山脉等。在此海拔五六千米的"世界屋脊"之上，正是那些成千上万前赴后继、默默无闻、普普通通的地质人，秉承着代代相传的"三光荣"（以艰苦奋斗为荣，以找矿立功为荣，以献身地质事业为荣）优良传统，用四肢、用血肉、用灵魂铸就了一座座巍峨的丰碑……

自 1999 年开始的地质大调查历经 12 年，25 个单位以每年上千人次的数量奔赴青藏高原，以相距 4000 m 的路线拉网式考察荒凉原始的无人区，在"血与汗、冰与火"中徒步行走 50×10^4 km（相当于环绕地球 12 圈半），不仅填补了我国中比例尺地质空白区，而且获得了让世界震惊的重大发现：青藏高原并非 5 条缝合带而是 21 条；青藏高原并非无边无际的大洋而是由多岛弧与多海盆构成。这一地质理论的创新历程之艰以及折射出的人性光辉，均似耸立于喜马拉雅山上的珠峰，达到了令世界仰视的高度！

自 1999—2010 年底，青藏高原已勘探超大型、大型矿床 32 个，累计新增铜资源量

3194×10^4 t，相当于 63 个大型铜矿床；新增铅锌资源量 1519×10^4 t，相当于 32 个大型铅锌矿床；新增金资源量 569 t，相当于 28 个大型金矿床；新增银资源量 23015 t，相当于 23 个大型银矿床；新增钼资源量 176×10^4 t，相当于 18 个大型钼矿床；新增富铁矿石资源量 70401×10^8 t，相当于 14 个大型铁矿床；新增钨资源量 20×10^4 t，相当于 4 个大型钨矿床。此外地质学家还在青藏高原确立巨型金属成矿带 3 条，圈定成矿远景区 106 个、矿点与找矿异常 2000 多处……

整个青藏高原的新一轮地质大调查，新增资源量的潜在经济价值高达 2.7 万亿元，大宝藏的冰山一角终于初显端倪！

青藏高原的新一轮地质调查，12 载艰苦卓绝的"开疆拓土"，踩踏着新中国成立 50 年间一代代地质人为共和国奠基的坎坷足迹，穿梭着祖辈们或详或略、可歌可泣的筚路蓝缕，创新着理论与实践的反复验证、突破与形成；洋洋 30 万言的宏大叙事，洒洒千百组的翔实数据、几十号鲜活人物形神兼备的点睛笔触，宛若一曲沉雄、流畅的《勘探队员之歌》（即"三光荣、四特别"精神）贯通始终。所以说地质文化是地质行业的 DNA，是地质人优秀品质代代传承的最有效载体和精神家园，要永远占领并且坚守这片精神高地，记载其历史，光大其传统，弘扬其精神，必须靠行业的、专业的地质文化才能完成！

3 地质文化大繁荣正当其时

在中国文化琳琅满目的历史长廊中，既可称得上地理学家又能称得上文学家的，也可谓是明星璀璨。如汉代的张衡、西晋的葛洪、北魏的郦道元、北宋的沈括、明代的徐霞客等。还有现代文学家的旗手鲁迅先生，也是矿务铁路学堂毕业，且与人合作著有《中国矿产志》。另外新中国的一大批老地质学家如李四光写过小说，杨钟健写有文学著作《去国的悲哀》和《西北的剖面》，黄汲清著有散文集《天山之旅》，冯景兰、关士聪、王鸿祯、刘光鼎等都堪称文学表率等等。至于今天，仅中国国土资源作家协会的旗下就有会员近千，知名作家近百，成为繁荣地质文化的一支劲旅。

在目前的国土资源系统里，地质文化正如雨后春笋焕发出勃勃生机。主要表现在以提升物质文化（包括劳动环境、施工设备、生活措施、产品形象）为主线，以规范制度文化、行为文化（包括领导体制、组织机构、规章制度）为两翼，全面推进观念文化（包括行业精神、行业道德、行业目标、行业价值观念、行业团队意识）的与时俱进与创新。仅就国土资源作协麾下活跃的省厅作协分会、省局地矿文联就有七八家，至于主办有网络平台和报纸杂志之类新闻和文学的新媒体，可以说在国土资源系统早已实现了全覆盖。

党的十七届六中全会站在历史和时代高度，在深刻分析中国特色社会主义文化建设面临的新形势、新任务及总结我国文化改革发展实践的基础上，做出了全面推动社会主义文化大发展大繁荣的决定，对于开创中国特色社会主义事业新局面、实现中华民族伟大复兴产生了重大而深远的影响。2014 年 10 月 15 日，习近平总书记在文艺工作座谈会上，又强调指出，中华优秀传统文化是中华民族的精神命脉，是涵养社会主义核心价值观的重要源泉，也是我们在世界文化激荡中站稳脚跟的坚实根基。要结合新的时代条件传承和弘扬中华优秀传统文化，传承和弘扬中华美学精神。我们社会主义文艺要繁荣发展起来，必须认真学习借鉴世界各国人民创造的优秀文艺。只有坚持洋为中用、开拓创新，做到中西合璧、融会贯通，我国文艺才能更好发展繁荣起来。

这是 21 世纪实现中华民族伟大复兴的要求，也是对地质人实现地质文化大繁荣的要求！

作者简介：宋宏建（1956—），河南地矿局机关党委专职副书记。研究方向：党务工作，文化创新。电话 18613719986

试分析我国百年资源观与社会发展观的演变

郭友钊

（中国地质科学院物化探研究所　河北廊坊　065000）

摘　要：本文基于文献分析法，统计分析代表资源观的"地大物博"与"资源危机"、代表社会发展观的"有水快流"与"节约型社会"等词汇在文献中出现的时间分布，寻找从"有水快流"向"节约型社会"转变过程的节点文献，认为百年资源观的演化可以分成弱资源危机感时期和强资源危机感时期，在强资源危机感时期中可划分为有水快流建设阶段和节约型社会建设阶段，并且正确的资源观决定合理的发展观。目前，我国地大物博与资源危机两大阵营的认识仍然交织，摸清我国资源家底，科学认识我国资源国情，将有利于树立我国经济、社会建设的科学而正确的发展观。

关键词：地大物博；资源危机；资源观；有水快流；节约型社会；社会发展观

社会发展观基于对本国人口、资源和环境三大问题的评估而形成。科学的、可持续的社会发展观来源于对上述三大问题的正确评估。我国对资源的评估先出现"地大物博"后出现"资源危机"的认识，导致"有水快流"到"建设节约型社会"政策方针的转变。本文试图分析这一转变过程的文献情况以及重要节点文献。

1　探究方法

本文使用中国学术期刊（网络版）数据库（简称CAJD）进行相关文献的检索。其收入了自1915年以来（部分追溯到创刊）到2016年6月底的覆盖自然科学、工程技术、农业、哲学、医学、人文社会科学等各个领域的国内学术期刊8188种，全文文献总量46598496篇，基本集中并体现了我国学术发展线索的百年资料。

为研究资源观及社会发展观，本文选择了"地大物博"、"资源危机"、"有水快流"和"节约型社会"等4个词（组）为研究对象，通过中国知网（http：//epub. cnki. net／）在CAJD中选择全科学领域（含基础科学、工程科技、农业科技、医药卫生科技、哲学与人文科学、社会科学、信息技术、经济与管理科学）进行"全文"、"主题"、"关键词"、"篇名"等进行检索。对于研究对象第一次出现的节点文献，根据其信息追踪查找未被CAJD收录的其他文献。

本文旨在研究资源观及社会发展观的演化过程，重点对相关文献数量的逐年变化过程进行统计分析，并解剖节点文献，寻找研究对象形成的起点。

2　文献特征

百年来地大物博、资源危机、有水快流、节约型社会等4个词汇逐年出现在CAJD中的全文篇数示于图1。基于此图，下列分析各词汇的社会关注度等情况。

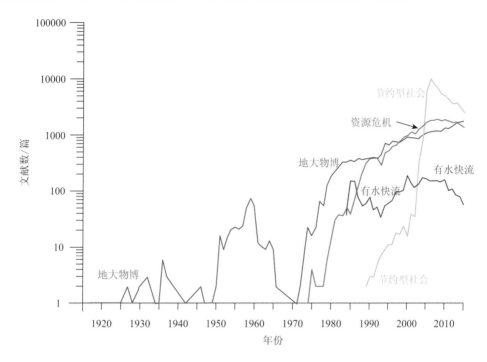

图1　百年来含"地大物博"等4个词组的全文文献数变化曲线图

2.1　地大物博

地大物博，为地大与物博之和，前指空间，后指该空间所容之物的有无、多少。地大易知，物博难识。唐代即有"门下，朕闻天大地大，首播黎元"❶、"今天下九州四海，其为土地大矣"❷、"天大地大，乃圣乃神"❸ 等等，较早地阐述了国家疆土之大与庄严。唐代还有"属天地大有，朝野多欢"❹，"物众地大，孽芽其间"❺，进一步论述了地既大，物又有又众。上述语意形成成语，出现在晚清李伯元（1867—1905年）所著的《官场现形记》中："又因江南地大物博，差使很多，大非别省可比。"

1917年，小说《官场现形记》提及的"地大物博"进入了学界的视野，清华学校高

---

❶ 唐太宗，《封禅诏》。
❷ 韩愈，《进士策问十三首》。
❸ 房翰，《洹寺碑》。
❹ 郑休文，《唐故土土安君墓志》。
❺ 韩愈，《平淮西碑》。

等科学生程其保（1895—1975年）论及"中国地大物博，出产丰富，还远驾各国之上"，具有"中国发展实业之机会"[1]。1925年，翁文灏在北京大学作"理论的地质学与实用的地质学"讲演，就提出了"我们中国人动说我们中国地大物博，但要保享有的权利须要先尽研究的义务"[2]，学界一开始，就把地大物博的认知与社会发展观联系在了一起，也敲响了警钟——地大物博不可止于表面的口号，更需要深入调查而得到的精确认知。

1925年之后，从含地大物博全文的年 – 文献数曲线看（图1），由文献数少 – 多 – 少的曲线结构划分，对地大物博的社会关注度可分为3个时期：①1948—1949年前，属抗战、内战时期，时有学者论及地大物博；②1949年至1971年，该时期社会的主要任务为战后重建（社会主义建设），发生了"三年自然灾害"、"大跃进"、"文化大革命"等事件，地大物博的提法广为流行，特别是在"三年自然灾害"（1959—1961年）达到顶峰；③1972年后一直至今，期间含文化大革命后期，改革开放时期，结构还不完整，关注度已趋于最高，在将来可能存在下降的情况。

近年来，对地大物博的看法主要有质疑，如"中国不再地大物博"[3]；也有对其肯定甚至补充新内容，如我国不仅为"地大物博"，也是"海大物博"[4]，分歧显著。

2.2 资源危机

迟地大物博的提出近千年，"资源危机"一词较早地出现在1972—1975年，用于说明美国石油资源的枯竭[5,6]，为翻译成中文的词汇。资源危机源于资源枯竭。我国的渔业已在1952年就开始对资源枯竭论表示出极大的关注[7]。无论资源危机还是资源枯竭的概念，都出现在工业革命之后，不像地大物博的概念出现在农业社会之中。

涉及资源危机或者资源枯竭的全文文献，在1970年之前为零星分布，之后才呈突发式上升的分布，现趋于稳定或者开始减少（图2）。

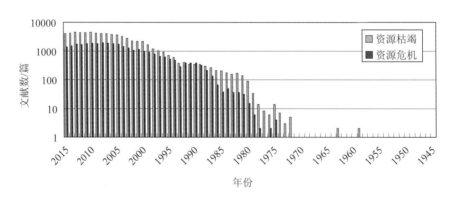

图2　全文出现"资源危机"、"资源枯竭"文献数（篇）逐年统计直方图

2.3 有水快流

"有水快流"源于"大矿大开，小矿放开，有水快流"的提法。1984年快速传播的"有水快流"或者"有水即流"可能较早地出现在原煤炭工业部[8]。此前的1983年11

月，原煤炭工业部正式出台了《关于积极支持群众办矿的通知》，明确了"有水快流"的操作细则。1984 年 9 月中旬，胡耀邦总书记在内蒙古自治区集宁—二连考察时，强调了"有水快流"的方针[9]。

含"有水快流"的文献爆炸式地出现在 1984 年，达 37 篇。出现的第二年，就达到 155 篇。每年的文献数有波动，1993 年为极小值，仅为 34 篇，2004 年出现极大值，为 174 篇。近 10 年来，其文献数有减少的趋势，见于图 3。

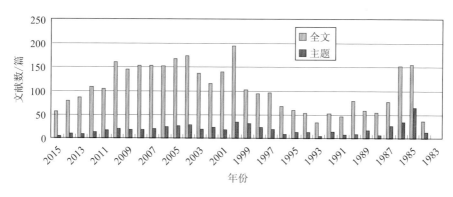

图 3　"有水快流"文献数（篇）逐年统计直方图

2.4　节约型社会

"节约型社会"可能源自 1989 年国务院农村发展中心石山提及的"我国应成为一个资源节约型社会，要树立'一粥一饭，当思来处不易，半丝半缕，恒念物力维艰'的高度节约的社会风气。否则，无法应付资源短缺的严峻局面"[10]。较完整的论述可以认为是中国科学院地学部于 1991 年 4 月 18 日发布的咨询报告《我国资源潜力、趋势与对策——关于建立资源节约型国民经济的建议》[11]。而引起社会高度重视、广泛关注的可能是程裕淇等人于 1991 年 3 月向全国政协七届四次会议提交了第 0320 号提案以及大会发言："要把'十分珍惜、合理利用、有效保护自然资源'作为一项基本国策"[12]。

从节约型社会相关的文献分布（图 4）观察，2005 年是一个转折年，国务院发布了"关于做好建设节约型社会近期重点工作的通知"。2005 年之前每年讨论节约型社会的文献仅为几篇、几十篇，之后每年则有数千篇。

3　讨论

根据相关文献的分布数据以及上述分析，得出下列初步认识（见图 5）：

1）根据中文中出现"资源危机"的时间点（1972 年），把百年资源观的发展粗略分可两个时期：1972 年之前为弱资源危机感时期，之后为强危机感时期。弱资源危机感时期，我国因竭泽捕鱼方法的发展导致东海黄花鱼资源的迅速枯竭而出现了渔业资源危机的意识[7]，属农业社会所出现的危机。1972 年之后，地大物博与资源危机的社会关注度

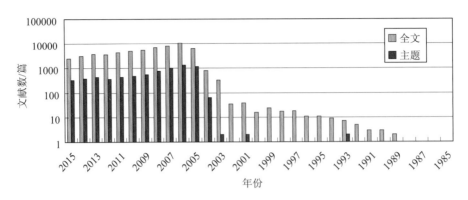

图 4　"节约型社会"文献数（篇）逐年统计直方图

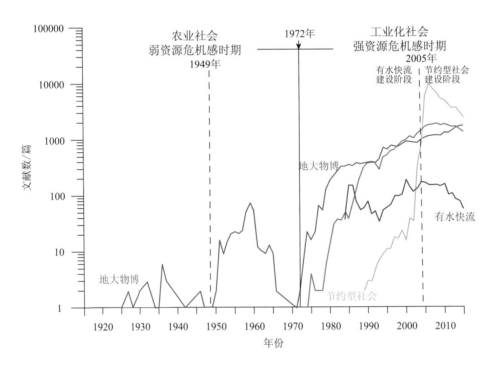

图 5　我国资源观与社会发展观分期分阶段示意图

同时快速上升，并随之改革开放、经济发展的深入进行，得到社会的广泛关注，国内出现了如发达国家先后出现的石油资源、金属矿产资源的不能满足工业经济发展的需求，需要大量的进口，出现了强烈的资源危机感，属工业社会所出现的危机。

2）强资源危机感时期可划分为两个阶段：以国务院发布"关于做好建设节约型社会近期重点工作的通知"的 2005 年为界线，之前为"有水快流建设阶段"，之后为"节约型社会建设阶段"。近几年，有水快流的提法仍然受到关注，但关注度远远弱于节约型社会。

3）有水快流的提法爆炸式的出现，并在短期内文献数抵达极大值，整条曲线如悬于空中，与地大物博、资源危机及节约型社会的文献数由少而多至极大值不同。节约型社

22

会的文献数－年度曲线反映早期由少数的学者或学术机构的深入探讨、倡导，再由政府的推动才快速抵达极值，为社会广泛响应，具有科学资源观的基础。"变革资源消费型经济发展的旧模式，确立资源节约型经济发展新模式，废止'有水快流'的方针，是解决我国矿产相对不足、矿产品供需矛盾日趋紧张的根本出路。"[11]

4）只有正确的资源观，才有合理的社会发展观。有水快流的社会发展观主要基于地大物博的资源观；节约型社会的发展观一定基于强资源危机观。1990年以来，我国在资源观上仍然是地大物博、资源危机不同认识的交织（图5），摸清我国的家底资源，科学认识我国的资源国情，仍然决定我国社会的发展观。

参 考 文 献

[1] 程其保. 中国发展实业之机会. 清华学报, 1917, 2(4).
[2] 翁文灏. 理论的地质学与实用的地质学. 中国地质学会志, 1925, 2.
[3] 尹海涛. "地大物博"的中国. 南风窗, 2014, 4.
[4] 邱震海. 从"地大物博"到"海大物博". 领导文萃, 2014, 5(下).
[5] 石油物探编辑部. 美国的石油工业. 石油物探, 1972, 2.
[6] 西川润, 劳原. 石油跨国公司与第三世界. 南洋资源译丛, 1975, Z1.
[7] 轶名. 抓紧旺季大捕淡水鱼. 中国水产, 1959, 23.
[8] 黄奉初, 陈弘毅. 向年产十二亿吨煤炭开拓前进——访煤炭工业部部长高扬文. 瞭望, 1984, 20.
[9] 曾建徽. 蒙古边境纪行——随胡耀邦同志访问散记. 瞭望, 1984, 44.
[10] 石山. 我国农村经济建设战略的探讨. 农业经济问题, 1989, 9.
[11] 中国科学院地学部. 我国资源潜力、趋势与对策——关于建立资源节约型国民经济的建议. 地球科学进展, 1991, 5.
[12] 程裕淇, 等. 要把'十分珍惜、合理利用、有效保护自然资源'作为一项基本国策. 见:程裕淇著. 程裕淇文选. 北京: 地质出版社, 2005, 2390 页.

作者简介：郭友钊（1965—），男，中国地质科学院物化探研究所研究员。主要从事地质－地球物理复合专业研究，兼顾地质文化与科普工作

北京地质调查工作百年回顾与展望

吕金波

（北京市地质调查研究院　北京　102206）

摘　要： 北京是中国地质调查的"摇篮"，1916 年开始北京西山地质调查，1920 年出版第一部地质调查专著《北京西山地质志》，2016 年恰逢 100 年。新中国成立后，经过两轮区域地质调查，北京率先实现 1：5 万区域地质调查的全覆盖。今后北京的地质调查将以天安门为中心部署展开，工作范围扩大到京津冀，首先在北京建立 8 个监测预警预报系统，实现从地质找矿为中心向地质环境调查为中心转变，从资源调查向多参数调查转变，从平面地质调查向三维地质调查转变，为京津冀协同发展服务。

关键词： 地质调查百年；城市地质；京津冀协同发展；天安门；北京

"一九一六年夏，辅等任事于地质调查所，所长丁文江首令完成五万分之一之西山地质图"，1920 年出版《北京西山地质志》[1]。2016 年，在中国地质调查 100 年之际，研讨北京百年地质调查的传承与发展，完成第二版《北京市区域地质志》修编，意义重大。

1926 年翁文灏提出燕山运动[2]，1929 年裴文中发现完整的猿人头盖骨[3]。1960 年北京地质学院出版《北京的地质》[4]，1991 年北京市地质矿产局出版《北京市区域地质志》[5]，2002 年北京实现 1：5 万区域地质调查的全覆盖[6]。北京被誉为中国地质调查的"摇篮"，今后要广泛开展城市地质调查，建立 8 个监测预警预报系统[7]，为京津冀协同发展服务。

1 中国学者编写第一部地质调查专著《北京西山地质志》

1916—1918 年，由地质调查所章鸿钊、丁文江和翁文灏 3 位老师培训的叶良辅、赵汝钧、刘季辰、陈树屏、王竹泉、朱庭祜、谭锡畴、谢家荣、马秉铎、卢祖荫、李捷、徐渊摩、全步瀛 13 人在北京西山测制 1：5 万地形地质图，写成中国第一部区域地质专著《北京西山地质志》[1]。

《北京西山地质志》章节分为地层系统、火成岩、构造地质、地文和经济地质 5 章。第一章地层系统，大多根据野外测量而成，植物化石由地质调查所顾问瑞典人安特生（J G Andersson）在坨里砾岩层中的页岩首先发现，后在髫髻山南北继续发现若干同类化石，由瑞典皇家博物馆鉴定；地层从下至上分为新元古界矽质灰岩层、下马岭层，古生界寒武系下震旦系、奥陶系上震旦层、石炭系杨家屯煤系、二叠三叠系红庙岭砂岩层，中生界下侏罗统门头沟煤系、九龙山系、上侏罗统髫髻山层、新生界之地层。第二章火成岩，由翁文灏博士编写。第四章地文和第五章经济地质援引安特生顾问的观察较多。全步瀛和李彝荣绘制图件。

地质调查所实际为高等地质专科学校，结业的22位学员是中国自己培养的第一批地质人才，很多人成长为中国著名的地质学家，并做出杰出贡献。

1916年夏天，结业学员中的13人成为地质调查所调查员，"所长丁文江首令完成五万分之一之西山地质图"。当年8月，用平板测量法调查。仅用1个月就基本完成了大部分地区的测量，有一、二片区域直到1918年春天才补齐。具体人员分工区域如下：

刘季辰、陈树屏：琉璃渠、门头沟、大灰厂；

王竹泉、朱庭祜：斋堂、清水河沿岸；

谭锡畴：周口店、长沟峪、红煤厂、柳林水、妙峰山涧沟一带；

谢家荣、马秉铎：煤窝、大鞍山；

卢祖荫、李　捷：清水涧、髫髻山、王平村；

徐渊摩、全步瀛：坨里、万佛堂；

赵汝钧、叶良辅：温泉、阳坊、杨家屯、三家店、模式口、青白口、田家庄、高崖口

在地形地质测量的基础上，从1918年冬天开始，由英文较好的叶良辅主笔《北京西山地质志》，1919年7月成书，1920年出版。

2　北京在全国率先实现1：5万区域地质调查的全覆盖

按照国际分幅，北京由45幅1：5万区域图幅全覆盖，北京的地质工作者先后开展两轮1：5万区域地质调查，第一轮完成23个图幅，第二轮完成44个图幅，未完成的琉璃河幅正在进行区域地质调查。

第一轮1：5万区域地质调查：1958—1961年，北京完成23个1：5万图幅的区域地质调查，北京地质学院出版《北京的地质》。

第二轮1：5万区域地质调查：1964—2002年，北京完成44个1：5万图幅的区域地质调查，在全国率先实现1：5万区调图幅的全覆盖[6]。

沙峪幅为第二轮区调的第一幅图，清水幅圈定2个侏罗纪髫髻山期火山口，青龙桥幅调查八达岭花岗杂岩，沿河城幅测制永定河谷新生代地质剖面和重新厘定东岭台组，周口店幅厘定房山变质核杂岩和发现太平山洞穴早更新世冰楔，昌平小汤山两幅重新测制十三陵中新元古界地层剖面，琉璃庙、范各庄两幅重新圈定杨树底下金矿，石景山幅调查九龙山向斜和圈定永定河断裂，良乡幅厘定白垩纪坨里盆地和古近纪长辛店盆地，大台幅调查髫髻山组火山岩，北京、通县两幅编录双埠头第四纪钻孔（ZKTX - 1）剖面，怀柔幅编录张喜庄第四纪钻孔（HR88 - 1）剖面，不老屯幅调查密云水库北部的太古宙变质岩，雁翅幅圈定青白口穹隆和发现韩家台哺乳动物化石点，阳坊幅厘定阳坊岩体和侏罗纪涧沟盆地，永宁、四海两幅发现恐龙脚印（属于三道营子幅），密云、墙子路、高岭3幅调查富含铁矿的太古宙变质岩，木林、平谷、大华山3幅调查蓟

县元古宙剖面向西部延伸的地层，龙门台、张坊两幅调查十渡岩溶地貌和圈定霞云岭逆冲推覆断裂，汤河口、番字牌两幅圈定太古宙变质岩的西部边界，曹家路幅发现雾灵山碱性岩体富硒，三道营子、杨木栅子、喇叭沟门3幅调查怀柔北部花岗岩，靳家堡、延庆两幅调查大海坨花岗岩体，大兴幅钻孔证实大兴隆起为向斜构造，庞各庄幅在兴热–1和兴热–2钻孔中发现太古宙片麻岩，马驹桥幅发现潮水古河道，香河幅调查京沈高速沿线的地质背景，顺义、杨镇两幅编制多目标系列图件，长沟幅测定石门岩体的K–Ar年龄（114.98±1.87）Ma B.P.，沙河幅利用地热钻孔调查京北地热地质条件。

1987—1990年，北京市地质调查所完成1：20万怀柔县幅区调。

2000—2003年，北京市地质调查研究院完成涉及整个北京区域的1：25万北京市幅和延庆县幅区域地质调查[8]。

3 北京未来地质调查的发展

北京是中国的政治中心、文化中心、国际交往中心和科技创新中心，代表性的标志就是天安门。新常态下，北京未来的地质调查工作就是以天安门为中心部署展开，建立8个监测预警预报系统，实现创新发展。

3.1 以往以天安门为中心的城市地质调查

1956年地质部水文地质工程地质局901队在天安门广场进行了地下水位和水温的观测（图1左）[9]，1993年北京市地质矿产勘查开发局承担北京地铁复八线天安门东站施工（图1中），1998年北京市地质研究所在天安门城楼进行工程物探勘察（图1右）。

图1 以天安门为中心的城市地质工作

3.2 未来首都地质资源环境承载能力监测预警平台建设

未来北京地质调查的重点是城市地质，为实现京津冀协同发展提供地质学方面的技术支撑。为此，北京市地质矿产勘查开发局实施"两项工程、一个平台"战略，即重要战略资源安全保障工程和地质环境安全保障工程，首都地质资源环境承载力监测预警平台，正在建立"8个监测预警预报系统"[10]。

（1）地温场监测预警预报系统

地热水质水位。北京有10个地热田，近两年的监测数据显示，除良乡地热田，其它地热田的热储水位均下降，下降幅度1~2m/a；而良乡热田由于受到2012年"7·21"暴雨的影响，地热水位累计抬升4m左右。

浅层地温能。2014年已建成2个监测站，40个监测点。为预测地温场变化趋势以及评价浅层地温能开发利用对地下环境的影响提供依据。

（2）地下水监测预警预报系统

地下水监测预警预报系统包括地下水位监测和地下水质监测。

1）地下水位监测：2011年建成地下水位监测井有616眼，其中国家级监测井50眼，市级监测井566眼。

2）地下水水质监测：2007—2009年，北京市地质矿产勘查开发局与北京市环境保护局联合立项开展"北京市平原区地下水环境监测与初步整治方案"项目，建立1∶5万区域地下水环境监测网和重点污染源专项监控网，共有监测井1182眼，其中区域地下水环境监测网有监测井882眼、污染源监测专网监测井360眼。

（3）地面沉降监测预警预报系统

2002年开始建设，由7个地面沉降监测站构成，分别位于顺义区天竺、平各庄，昌平区八仙庄，朝阳区王四营、望京，通州区张家湾，大兴区榆垡。监测对象为朝阳区来广营、东八里庄—大郊亭、昌平区沙河—八仙庄、大兴区榆垡—礼贤沉降区。包含400个水准监测点、114个GPS测量点和613眼水位监测井。

（4）突发性地质灾害监测预警预报系统

已建成15个监测点。在建2个监测站、130个监测点、1个数据中心。拟建4个监测站，423个监测点。2014年6月底完成密云、门头沟和房山3个区的119条泥石流沟及6处崩塌监测设备的安装调试工作，9月底前完成4处采空塌陷和1处滑坡监测设备安装和联调联试工作。

（5）土壤地球化学监测预警预报系统

拟建770个监测点。2014年建立监测点位160个，其中区域土壤地质环境监测点60个，重点地区土壤地质环境监测点100个。今后需要加强工业区、农业区、水源地保护区等重点区域的监测工作，完善土壤地球化学监测预警预报系统。

（6）地下空间监测预警预报系统

随着城市规模的不断扩大，地下空间的开发不断扩大，临空面的增大会对地表建筑产生影响，为保护城市建筑安全，需要建立地下空间监测预警预报系统。

（7）活动断裂监测预警预报系统

内力地质作用对城市的破坏主要表现在活动断裂产生的突发地震和缓变位移，为避开活动断裂缓变位移对城市产生的破坏，需要建立活动断裂监测预警预报系统。拟建6个监测站，9个监测点。

（8）矿山地质环境监测预警预报系统

20世纪矿业的兴起，使北京西山成为中国地质工作的摇篮。20世纪以来，矿业开发促进了北京城市的发展，同时也带来了矿山地质环境的负面效应，影响北京的生态文明建设，需要建立矿山地质环境监测预警预报系统。

4 结论

《北京西山地质志》记载："1916 年夏，辅（叶良辅）等任事于地质调查所，所长丁文江首令完成五万分之一之西山地质图，即今日缩成十万分之一者是也"。开启了中国地质调查的序幕，至今整整 100 年。

1958—1961 年，北京地区完成 23 个 1:5 万图幅区调，属于第一轮区调。1964—2002 年，北京地区完成 44 个 1:5 万图幅的区调，在全国率先实现 1:5 万区调图幅的全覆盖，属于第二轮区调。

未来北京地质调查的重点是城市地质，为实现京津冀协同发展提供地质学方面的技术支撑。北京市地质矿产勘查开发局实施"两项工程、一个平台"战略，正在建立"8个监测预警预报系统"。

中国共产党十八大提出生态文明的口号，中共中央提出京津冀协同发展战略。随着京津冀协同发展中心首都功能的快速发展，城市规模不断扩大，对地下空间的扰动不断加大，由此带来的地质环境问题日益突出。今后要加强与城市紧密相关的新生代地质调查，解读《水经注》中有关北京地理的科学思想，分析北京 3000 多年建城史与 800 多年建都史的古代风水学思想，应用现代地质学理论，建设一支为京津冀一体化协同发展服务的城市地质队伍，力争从地质找矿为中心向地质环境为中心转变，从资源地质向多参数地质转变，从平面地质调查向三维地质调查转变。在传承北京地质调查优良传统的同时，实现北京地质调查的创新发展。

参 考 文 献

［1］　叶良辅，等. 北京西山地质志［M］. 地质专报，1920，甲种第 1 号，1~92.

［2］　Wong W H. Crustal movement in eastern China. Proceedings of 3th Pan Pacific Science Congress，Tokyo，1926，642~685.

［3］　Pei W C. An account of the discovery of an adult Sinanthropus skull in the ChouKouTien deposit. Bulletin of Geological Society of China，1929，203~205.

［4］　北京地质学院. 北京的地质［M］. 北京：北京出版社，1961.

［5］　北京市地质矿产局. 北京市区域地质［M］. 北京：地质出版社，1991.

［6］　吕金波. 北京地区基础地质研究史［J］. 城市地质，2014，9(3)8~13.

［7］　北京市地质矿产勘查开发局. 首都地质资源环境承载能力监测预警平台工程分布图［R］. 2014.

［8］　吕金波，等. 北京市幅(J50C001002)1:25 万区域地质调查［J］. 中国科技成果，2012，19：40~42.

［9］　地质部水文地质工程地质局 901 队. 1956 北京市附近地下水动态观测年终报告［R］. 1957.

［10］　北京市地质矿产勘查开发局. 2000—2014 年北京城市地质工作成果通报［R］. 2015.

地质基因百年承　不忘初心与时进

杨伯轩

（河南省地质矿产勘查开发局　郑州　450012）

自从 1916 年 10 月，民国政府成立中国地质调查所，开展现代意义的地质工作起算，中国地质工作已走过了百年历程。在百年的风云变幻中，地质工作始终发挥着基础先行作用，取得了丰硕的地质工作成果，拓展了地质服务领域，创立了完善的地质工作体系和管理体系，积淀了优秀的地质基因。不管是在政局动荡、烽火连天的多难岁月，还是在蒸蒸日上、如火如荼的社会主义建设时期，或者是在结构调整、转型发展的改革开放年代，几代地质人传承优秀基因，与民族共命运，与时代同发展，在为国担当中不辱使命，续写辉煌。在中国地质事业走过百年之际，在进入新常态的现阶段，如何不忘初心，传承地质基因，回答好地质事业"从何处来、到何处去"的战略问题，现实地摆在了我们的面前。

1　正本清源，草绘地质基因图谱

《现代汉语词典》对"基因"一词的解释为，"生物体遗传的基本单位，存在于细胞的染色体上，呈线状排列。"撇开生理学高深的理论阐释，可简单地理解为，基因是传承某种生物属性的最基本单位。那么，历经百年积淀的地质基因是什么呢？这里试以一个刚刚入门者的视角，加以梳理、草绘。

一是以身许国、为国担当的家国情怀。据说，近代地质学起源于 18 世纪的欧洲，当时是一些无所事事的年轻贵族们闲暇时，游山玩水看到稀奇古怪的石头，就使徒步旅游和探险娱乐变成了对地壳成因的野外观察和研究活动。而近代中国的地质学家们远没有欧洲绅士们那样的幸运，他们出生在列强大肆入侵中国的动荡年代，少年时期就抱着实业救国的梦想，远涉英、美、日、德、法等发达国家孜孜求学，学成后毅然回到风雨缥缈的祖国，在十分艰难的环境中，组建地质工作机构，培养地质人才，进行资源调查，在贫穷凋敝的国度开始了艰辛的创业。尽管当时他们不知道自己的祖国，何时能成为一个工业国家，但他们坚信，矿产资源是国家发展必需的资源基础，而地质工作正是这个资源基础的奠基者。所以，在新中国成立前的三四十年间，以丁文江、翁文灏、尹赞勋、谢家荣等为代表的地质前辈们，抱着强我中华的理想，以超乎想象的执着和毅力，忍受着战乱和贫穷，行走在中华大地上，培养了一批地学传人，取得了一批享誉世界的研究成果，为中国地质学家赢得了国际地学界的尊重和赞誉。尽管他们中的多数人壮志未酬，未能看到民族工业的崛起，但这种舍身报国的家国情怀，深深地感染了后来者，铸就成中国地质人的精神脊梁。

二是事必躬亲、深究其理的探索精神。地质工作是实践－认识－再实践－再认识的反复深化过程。当代地质人的实践探索品质源承于百年前的地质调查所，成立伊始，丁文江等人就确定了"登山必到封顶、移步必须步行"和"近路不走走远路、平路不走走山路"的地质调查准则，并用自己的实际行动为后人树立了楷模，也沉淀为整个地质行业的工作作风。老领导何长工在井冈山时期就留下了左腿残疾，但仍然坚持上矿山下矿井实地调查研究。在一次对海南石禄铁矿的考察中，山陡无路，大家都劝他不要再上山，但他不顾年事已高和行动不便，坚持拉着茅草，一步一步往上攀爬，最终达到工作现场时已是大汗淋漓，老革命家的求实风范令同行者十分感动和敬慕。地学宗师袁复礼先生早在1927—1933年间，就率领"中国西北科学考察团"在长达6年的时间，辗转内蒙古、新疆、甘肃等人迹罕至的地区，全靠骑马、步行等，克服了难以想象的困难，完成了对后世影响深远的资源调查。袁先生在教育学生不迷信权威、注重实地调查、科学验证的同时，在85岁高龄时还主持编译《现代科学技术词典》等书籍，今天人们在享受先生的学术成果的同时，更敬仰老一辈地质人的执着追求和务实品格。

三是知难而上、愈挫愈奋的必胜信心。地质科学是师法自然、探求未知的认识过程。在这个过程中，挫折和走弯路都是不可避免的，但地质人硬是凭着"不达目的不罢休"的坚守，历经多次实践验证，为国家捧出一座座金山银山。本人至今清晰记得，20世纪80年代后期在小秦岭金矿勘查时发生的一件事，一位年轻的矿区技术负责，因布设在矿脉上的一个钻孔未见到矿层很纠结，主动向前来检查的总工程师作检讨。总工程师听了耐心地查看岩心，并同周边钻孔资料进行对照，建议将钻孔再偏移十余米，果然打到了品位富的矿体，原来这里有一个小的隐伏构造破坏了矿脉的连续性。事后，总工程师告诫这位年轻的技术负责说，地底下的东西看不见、摸不着，没打到矿体，可能是我们没有准确认识地层，也可能本身就没有矿，要深入研究，找准结论。没有打到矿，但有助于摸清地层结构和岩体的性能，不能说这个钻孔就没有价值呀。正是靠着"输不起也不服输"的韧性和执着，面对"中国贫油论"的预言，李四光、黄汲清等新中国地质工作的奠基者就是不信邪，大胆假设、科学验证，发现了大庆、大港、胜利等一系列大油田，实现了"把贫油国的帽子丢进太平洋去"的豪迈誓言，也在新中国建设中赢得了地质人的席位和话语权。李四光先生直到人生的最后时光，还对医生说"要再给我半年时间，地震预报的探索工作就会看到结果"，老一辈地质人勇挑重担、敢于胜利的信心，来自于对自然的探究、对认识规律的遵循，也来自于对党的领导和社会主义制度的信赖。

四是甘守寂寞、以苦为荣的豪放秉性。地质工作流动性大，野外条件艰苦、寂寞，自不待言。但一代代地质人能够在艰苦的环境中随遇而安，把工作当做认识自然、亲近自然，与地球历史对话的机遇，所以他们吃苦并不叫苦、受累并不嫌累。"天当房、地当床，夜幕做蚊帐"，抒发的是为理想奋斗的乐观和豁达；"千淘万漉虽辛苦，吹尽狂沙始到金"，写的是找到大矿后的喜悦心情。在和别的部门同志们闲聊时，他们经常会说，你们搞地质的经历都写在脸上，走起路来风风火火，吃饭时候连三赶四，说起话来快人快语，总有一种用之不竭的精气神；但坐下来的时候又静得出奇，仿佛超然世外，这或许是地质人特有的阳光心态和忍耐定力。这是地质工作留下的印记，也是终身受益的宝贵财富。

五是勇闯禁区、探求未知的创新氛围。温家宝同志讲过，繁荣地质科学，要有严谨的学风、相对宽松的科研环境和鼓励创新的机制。这正是百年地质发展历程的写照。试想，如果没有侯德封院士将近代核物理、核化学理论运用到地质科学上，开创了"核子地质学"、"核子地球化学"等新学术思想，我国的稀土元素研究和找铀矿工作，就不会这么快地取得突破。正是有了谢家荣院士不仅在矿物学和矿床学上卓有建树，还组织领导了大量的勘查技术管理工作，推动了勘查技术革新进步，成为我国现代岩心钻探的前驱。新时期，地质工作服务领域不断扩大，大大加速了与其他学科的融合、创新，开辟出地质工作的新空间。

百年地质基因，很难用几页的篇幅来总结、提炼，但留在地质人血液里、骨子里的基因，确是真真切切存在的，这是我们区别于其他行业最显著的特质。

2　不忘初心，续写新常态地质篇章

走过百年沧桑，今天的地质工作正处在重大变革的新节点上。不忘初心，传承基因，围绕中国地质调查局提出的"全力支撑能源资源安全保障，精心服务国土资源中心工作"的基本定位，实现地质工作结构、运行方式和管理体制转变，建立与社会主义市场经济体制相适应的地质工作新格局，将是新常态下地质工作的应有之义。

不忘初心，一要强化责任担当。地质工作的兴衰永远和国家的需求紧紧联系在一起，新常态下的地质工作正在发生深刻的变化。这种变化体现在，一是从计划经济体制下的地质工作向社会主义市场经济体制下的地质工作转变；二是从传统的地质工作向以"地球系统科学"为核心内容的大地质工作转变；三是从以资源保障为主的地质工作向资源、环境保障并重的多目标、多功能地质工作转变；四是从主要依靠国内"一种资源、一个市场"向发挥比较优势、参与全球化的"两种资源、两个市场"转变。这些变化要求我们进一步突出需求导向，以"创新、协调、绿色、开放、共享"的发展理念为引领，在工作对象、工作内容和工作方式上做出调整，继续在满足国家和民族的需求中不辱使命、续写辉煌。

不忘初心，二要增强服务本领。面对地质工作需求更加多元化、精细化的新变化，我们比以往陷入更深的"本领恐慌"。面对总书记提出的"向地球深部进军"的号召，面对服务"美丽中国"建设的重大民生工程，面对"一带一路"资源合作带来的新机遇，面对新能源与海洋资源勘查，实现在深海进入、深海探测、深海开发方面的大作为，面对"面上保护、点上开发"对绿色勘查开发的新要求，我们现有的工作手段感到力不从心，常常有"老方法不管用、新方法没用上"的困惑，必须下更大的决心，面向地质科技前沿，面向经济建设主战场，大力加强能力建设，依靠创新创造，显著提高地质工作的生产力，以更加及时、更加贴切的服务，彰显地质工作在新时期的新作为。

不忘初心，三要加快集成创新发展。传统地质工作与社会联系的不紧密性，在一定程度上形成了"自说自话、自我循环"的行业局限，弱化了地质工作的影响力和社会认知度。顺应地质工作的新需求，要求地质工作者以更加开放的姿态，加强与其他学科的交叉、融合，加强与"互联网＋"的结合，走向更加广阔的田野开展农业地质与土壤质量调查，走向繁华的都市开展城市地质调查和地下空间开发，走向"蓝色国土"开展海洋地质调查与资源勘查，走向老矿区开展地质灾害调查与防治，走向灵山秀水开展旅游地质调查，走到异国他乡开展矿产资源合作，通过更多的"技术嫁接"集成一批有重大影响的成果。

不忘初心，四要革新图强攻难关。毋庸回避，随着国家进一步推进事业单位改革，大部分国有地勘队伍将告别事业体制，在市场经济条件下自我生存、自我发展。特别是在矿业经济不景气的当下，企业化后的地勘队伍如何生存发展，是一个很大的挑战。面对没有退路的改革，我们一方面要积极争取国家的政策扶持，为地勘单位营造适宜的发展环境。更重要的是，坚定信心，知难而上，勇于变革图强，不断增强开拓市场、巩固市场的能力，以守正笃实的作风和久久为功的韧劲，在改革发展中创出新路，开拓出一方新的天地。

一切伟大的成就，都是在接续奋斗、接力探索的结果，一切伟大的事业，都需要承前启后、继往开来。走过百年的地质工作面临巨大的挑战，也存在着崭新的发展机遇。秉承"三光荣"传统，传承优秀基因，新时期的地质人会更好地践行"责任、创新、合作、奉献、清廉"的新时期地质人的核心价值观，不忘初心，砥砺前进，用自己的智慧和汗水，让地质工作在实现中国梦中更有作为，更加出彩。

愿《勘探队之歌》的歌声更加悠远、嘹亮！

参 考 文 献

姜大明. 2016 – 06 – 29(3). 向国土资源前辈学习，做"四讲四有"合格党员[N]. 中国国土资源报.
朱训主编. 2010. 中国矿业史[M]. 北京：地质出版社.
钟自然. 2016 – 07 – 07(1). 地调百年传薪火，砥砺奋进谱新篇[N]. 中国矿业报.

作者简介：杨伯轩，男，49 岁，大学本科学历，河南省地质矿产勘查开发局办公室副主任，高级工程师。主要从事地矿产业政策及地勘单位改革发展研究。

通讯地址：郑州市金水路 28 号，邮编：450012，电话：13733855109，0371 – 63895516

行走南极：在地质核心精神激励下的前行[*]

陈 虹

（中国地质科学院地质力学研究所　北京　100081）

在距离北京大约 12000 km 的地球最南端，有一片神秘的白色世界，那里 98% 面积被冰雪覆盖。它是世界上最寒冷的大陆，最低气温接近零下 90℃；它也是世界上风力最强、最多风的大陆，最大风速达到 100 m/s。这就是南极。

正是在这岩石露头屈指可数的地方，自 1989 年以来，地质力学研究所先后有 15 人、32 人次参加了中国南极科学考察。作为年轻一辈的地质工作者，我非常有幸成为这个集体中的一员，先后 4 次参加了南极考察。

自 1984 年首次考察以来，中国南极科学考察已经走过了 32 年，我们的足迹从西南极，延伸到东南极，随后进入内陆，最近又启动了罗斯海地区第五个考察站的新站选址工作。我们不断扩大研究范围，科学的意义不言而喻，更为重要的是南极大陆是目前地球上唯一没有领土主权的大陆，国家权益和资源始终是南极考察竞争的焦点。未来南极资源的利用，将取决于这个国家对于南极科学研究的贡献；因为没有调查就没有发言权。

在这 27 年间，地质力学研究所一直默默地坚守和耕耘着这片遥远而又熟知的领域，并且取得了一系列有国际影响力的科研成果：我们在国际上率先识别出东南极泛非期构造热事件，在格罗夫山地区发现了镁铁质高压麻粒岩，使全世界的地质学家重新认识了东南极大陆的构造格架；我们回收了中国第一块南极陨石，从而开创了我国南极陨石收集的新篇章，目前，我国南极陨石拥有量居世界第三位；我们在国际上首次完成了普里兹造山带的全面、系统考察，编制了第一张普里兹带 1∶50 万地质图和格罗夫山 1∶5 万地质图；首次绘制了整个南极板块三维地壳和岩石圈结构图；并且开辟了南极大陆冰下地质研究的新领域。

在这一个个研究成果的背后，是一群具有坚毅的性格、坚定的信念、顽强的意志和热血沸腾的地质人，他们在冰原上艰难跋涉，在冰裂隙中死里逃生，在暴风雪中勇往直前。

为了认知南极的矿产资源，我们进入内陆。在远离考察站支撑的情况下，我们需要应付的就更多。

首先，密集的冰裂缝是内陆地区最危险的敌人，雪地车无数次压陷出让人生畏的冰

---

* 本文依托项目：特殊地区地质填图工程。

缝。据首次进入格罗夫山的刘晓春研究员说，那是在 1998 到 1999 年的第 15 次南极考察，当时条件非常有限，他们只能驾驶着唯一的一辆雪地车进入内陆，然而，一旦这辆雪地车跌入冰裂缝，他们将没有任何救援，这在国际南极科考史上尚属首例，当时国家海洋局极地办给他们的忠告是"千万别出事，出事我们就只能给你们一些安慰了"。据不完全统计，我们每年都会有人掉进冰裂缝，刘晓春研究员就是其中的一位，幸运的是他们都被冰坎挡住了。曾经在第 31 次考察时接送我们的澳大利亚飞行员就没有那么幸运了，去年底，他在执行任务的时候，不幸跌入冰裂缝，后经抢救无效而离开了我们。记得，有位内陆队长告诉我们说："你在格罗夫山的每一步，是你人生的第一步，也可能是最后一步。"这最后一步也许就是踩在了冰裂缝上。

在时刻躲避冰裂缝的同时，我们还要克服漫长雪路的煎熬。在内陆地区，我们每天需要行走 25 km，其中 2/3 的路程是被冰雪覆盖着。脚上 5 斤重的登山鞋踩进雪里，再拔出来，体力的消耗是巨大的，所以我们轮流在前面开路，一步一步往前迈，到最后就通过数数来坚持着。在头几天的考察结束后，一直陪同我们的澳大利亚职业训练师坚持不住了，他告诉我们说："他需要休息了"。但是我们是没有时间休息的，我们只能选择坚持。每天我们大概需要行走 6 个小时才能抵达第一个露头点，最艰难的一天我们走了 8 个小时才到。当天跟我们同行的崔迎春博士描述到，当他坐在岩石悬崖边的时候，想着回去的路，就有一种跳崖的冲动。

内陆的考察固然危难重重，当我们抵达露头点，一块珍贵的岩石样品，便能让我们把一切的疲劳和恐惧抛至脑后。

为了探明罗斯海地区的资源情况，我们不远万里，日夜航行前去开展第五个考察站的选址工作。在完成了营救俄罗斯船只的任务后，我们自己却被突然汇聚的浮冰所困住。我清楚地记得那天是 2014 年的第一天，当天晚上，我出于好奇，在驾驶台观看船长破冰。起初一切正常，突然，全速前进的船停住了，就在这个时候，先前离我们较远的一座冰山突然触手可及，周围也全是冰山，更加危险的是，船上的雷达无法探测到那座冰山。此时，如果冰山还在继续移动的话，雪龙船将随时有撞沉的危险。关键时刻，我突然想起了野外考察用的激光测距仪也许有用。于是，我飞奔回房间，拿出测距仪，精确测出当时冰山离"雪龙号"只有 460 m，460 m！船长听到这个数字的时候，几乎不敢相信。雪龙船的长度是 167 m，460 m 意味着不到 3 个船身的距离，这对于冰区航行是绝对的禁区。冰山是否移动，关系到整个雪龙船的存亡，船长要求我每隔 15 分钟测量一次，这一测就是 7 个通宵。每天我都在甲板上坚守着，无论外面有多大的风雪，15 分钟一次，这份坚守对于我们 101 位考察队员和雪龙船的安全意义重大，不容有误。幸运的是，冰山后来没有移动了。我帮船长绘制了脱困方案，几乎无路可走，而且在不远处还有更大的冰山在移动着。直到 7 天后，雪龙船原地掉头，一道"闪电"呈现在船头，我们终于突围成功了。正是受到国际救援和雪龙船被困的影响，我们原计划 8 天的野外工作压缩到了 4 天。为了完成任务，我每天行走 20 多个小时。随身背着所有的地质考察物资：地质包、工具包、相机包、测距仪、地质锤、GPS，等等，另外还有采集到的岩石样品，一背就是一整天。工作区表面都是冰碛砾石，行走异常艰难，为了加快速度，我就像袋鼠一样在砾石上跳着。可是脚上重达5斤的登山鞋让脚底很快就磨出了水泡，走着的时候感觉并不是太明显，但是一旦停下来之后再走，水泡中充填的液体就会被挤出，那种刺骨的痛，我只能一次次的忍受。因为，在野外工作没有完成前，我是不能进行处理的，否则考察任务将无法完成。到最后，我的双脚起了从脚趾一直连到脚跟的长水泡。后来新华社用"86小时的科考传奇"来报道我们那次考察工作。我们的工作成果直接用于新建第五个考察站的环评报告，并获得国际南极委员会审查通过，达到了科学建站的目的。

"世上无难事，只要肯攀登"，我们要永攀科学和国家利益的高峰。"以献身地质事业为荣"、"以艰苦奋斗为荣"、"以找矿立功为荣"的"三光荣"精神，"责任、创新、合作、奉献、清廉"的新时代地质人形象始终激励我们勇往直前。作为一名年轻的地质人，我也要求自己在激烈竞争的南极国家舞台上，要树立我们中国地质调查局工作者的良好精神面貌和工作风范。

在别人眼中，南极代表了企鹅、海豹、极光、冰山，但是对于我们而言，南极充满了艰辛和不可预见的危险，在这7年时间内，我有1年多的时间是在南极度过的。这期间，我锻炼了克服困难的顽强意志；收获了自豪；也收获了成家立业的喜悦，但同时，也有对家人无限的愧疚。每次南极考察结束后回国，正是国内野外考察的黄金时间，能够陪伴在家人身边的日子也就极短。刚满2岁的儿子已经知道用"心里想爸爸"来表达他的思恋。作为一名年轻的地质工作者和极地考察者，我们一直在追逐着我们探索南极的梦想，我想等儿子长大后，他会明白我作为一名地质工作者责任和情怀。

关于南极科考和基础地质研究，地质力学研究所还有许多的目标和设想。我们谋划着在南极内陆的甘布尔采夫冰下山脉实施地质钻获取冰下岩石样品，为我们研究南极大陆的物质组成提供最直接的证据；我们筹划着进入南查尔斯王子山，进一步认清那里的矿产资源储存情况；我们也展望着在罗斯海新站的支撑下，开展横贯南极山脉地区的考察；同样，我们也期待着乘坐"海洋六号"考察船开始南极地质考察新的篇章；我们更想着在未来南极考察的过程中，能够看见更多年轻一辈地质工作者的身影。

我们坚信在中国地质调查局的领导下，在国家海洋局等单位的支持下，我们的地质考察工作将扩大我国在南极的战略布局，增强我国在国际南极事务中的政治、外交地位和国际竞争力，为我国在未来和平利用南极创造更加有利的条件。我们将"继续向南极内陆挺进"！

陈虹（1982—），男，中国地质科学院地质力学研究所副研究员，主要从事大陆变形与南极地质研究

中国地质调查所图书馆历史补遗

张尔平

（中国地质图书馆 北京 100083）

今年，是我国近现代科学史上的重要一年，中国地质调查事业迎来 100 周年，同时，也是中国地质图书馆建馆 100 周年。馆的前身是中国地质调查所图书馆。从中国近代科学来说，最成功的是地质学，而地质学界成立最早、事业最成功的是中国地质调查所。作为这个所的重要部门，图书馆一直充当着不可或缺的文献保障功能，对地质科学的发展起到重要的促进作用，并且是我国早期地质学研究的著名纪念地。

1 中国地质学学术中心所在地

1916 年到北伐胜利前的 10 余年，是中国地质调查事业最困难的年代。军阀混战，民生凋敝，科学事业缺乏基本的生存条件。依靠自身体制的相对独立与稳定，特别倚仗学术领袖的社会交往能力和名望，中国地质调查所艰苦求生存，领导者苦力撑持，同事苦学力行。1922 年初，中国地质学会在北京西城兵马司 9 号地质调查所图书馆成立。从这时起到 1935 年底该所迁往南京以前的 10 多年里，图书馆是中国地质学会会所，聚集了一批稳定的、具有近代科学素养的地质人才和外国科学家，还包括地质学界以外的对地质学感兴趣的学者。学会的包容性使它迅速成为学术交流中心。这个中心正是形成并成长于地质调查所图书馆。

1921 年落成的中国地质调查所图书馆，位于北京西城兵马司胡同 9 号。该建筑至今仍保留（照片 1）。

1928 年以后，社会环境相对平稳，政府提倡科学，制定实业计划。从 1916 年开始的 10 余年间，经地质人士的提倡与扎实工作，地质调查为国家资源开发之前锋，已为社会中上层人士认同。丁文江、翁文灏一直清醒地看到国内地质科学研究与国际前沿的差距，认为"看看他国的精研工作，正可做我们未来工作的导引"。图书馆收集的国外地学专著、期刊受到学界的普遍关注。1931 年，地质调查所与国内外文献交换单位达 400 余家❶。除日常图书借阅、登录和制作读者卡片外，地质刊物的征订、发行、交换都是由图书馆完成。

---

❶ 地质图书馆. 1931. 中国地质调查所概况·地质调查所十五周年纪念刊。

照片1　中国地质调查所图书馆

2　抗日战争时期的地学文献中心

抗日战争期间，各个地质机构都往大后方搬迁。地质调查所图书馆馆藏搬迁最为完整。因交通困难，除历年来以农商部、实业部的名义征集的府州县地方志等线装书留存南京外，所有书刊图件均随所西迁，而同时期的其他地质机构在文献的完整性均不能与之相比。1928年成立的中央研究院地质研究所从南京辗转到江西庐山，将图书仪器寄存于庐山一处美国学校，未及运出，1939年庐山沦陷。太平洋战争爆发以后，存在美国学校的图书标本被日本人运到北平（胡宗刚，2005）。其他省立地质调查所图书室本身书刊种类及数量与地质调查所图书馆差距较大。

经长沙、重庆最后至北碚，地质调查所图书馆结束迁徙。至1941年底，图书馆有专业书刊67349册，图件44557幅❶，其文献量独一无二，成为战时中国最负盛名的地学文献中心。

1939年落成的四川重庆北碚鱼塘湾青杠坡地质调查所图书馆。该建筑20世纪80年代被拆除（照片2）。

北京大学地质系毕业的白家驹回忆1938年的情形："在北大地质系毕业后，我还想继续读书，并想将地质学要研究出相当的成绩来。但是，当时能作这种工作的，只有地质调查所及（中央研究院）地质研究所这两个机构，而地质研究所虽有李四光等有名学者，但图书仪器□行遗失，要做研究工作甚为不便；而地质调查所之图书尚称完备。因

---

❶　地质图书馆. 1941. 中国地质调查所概况·二十五周年纪念。

照片 2　四川重庆北碚鱼塘湾青杠坡地质调查所图书馆

而就决定投考地质调查所，幸被录取为练习员"[1]。长期以来，地质调查所是地质人员谋求职业的首选，这不仅因为它成立最早，具有良好的学术传统和声望，聚集了一批一流人才和得到学术界承认和尊重的学术权威，还因为它拥有图书馆这一宝库。

抗日战争以前，中国地质调查所的展示窗口是图书馆和陈列馆。抗战时期，因北碚所址狭小，陈列馆的标本均未开箱。只有图书馆成为各界人士来所参观的窗口。1939年12月10日，老所长、经济部部长翁文灏在日记里写道："偕孙健初、孙越崎往北碚，至青杠坡地质所新址"（李学通等，2014）。他们参观的即新落成的图书馆。当时的地质调查所图书馆是西南各地的地质机构和大学地学专业的辐辏之地，各单位人员经常到馆查阅资料，如重庆大学地质系"与经济部地质调查所订有借阅图书办法，每月月终由该系派专人往返北碚沙坪坝间借还图书，故该系员生有接近东亚唯一之地质图书馆机会"[2]。

1943年，英国著名学者李约瑟（Joseph Needham）访问战时陪都，在所长李春昱带领下参观图书馆，称这个馆为"东亚最大的地质图书馆"。

3　新中国地质科学纪念地

就中国近代科学机构旧址而言，以地质调查所图书馆——北京兵马司9号的年代最为久远。它不仅在旧中国占有非常突出的科学史地位，1949年以后，它见证了中国地质工作的调整和重组过程，仍然是一处重要的科学纪念地。

新中国成立后，打破了民国时期的地质机构布局，于1950年8月25日成立了"中国地质工作计划指导委员会"（简称地指委），李四光任主任委员。从此，李四光成为新中国地质界的领导人。1950年11月1日，该委员会在兵马司9号图书馆召开扩大会议。当

---

[1]　白家驹. 自传（未刊资料）. 1951。
[2]　地质界消息. 1940. 地质评论，5（3）。

时这里是中国地质工作计划指导委员会图书馆分馆。全国各地质机构、高校地质系的主要负责人和代表以及中国科学院副院长竺可桢、陶孟和共60余人参加了开幕式，其中有1948年中央研究院地学方面的4位院士：谢家荣、李四光、杨钟健、黄汲清，连同后来的中国科学院学部委员，与会人员里院士占了1/3。

1950年11月1日，中国地质工作计划指导委员会扩大会议及来宾合影（照片3）。

照片3　中国地质工作计划指导委员会扩大会议及来宾合影

1933年，曾鼎乾先生进北平兵马司9号地质调查所当练习生。他回忆说："一进门是一个不大的小花园，左边是约3米高的一座硅化木化石，东墙边是'赵亚曾先生殉难纪念碑'"（曾鼎乾等，1996）。20世纪50年代初的兵马司9号仍然保留着原先的格局。从袁复礼先生保存多年的会议合影可以看出，西边的硅化木化石和东墙的小花园都在。

这次会议历时半个月，地质界人士畅所欲言，谈了对未来地质事业发展的信心和规划设想。何作霖感慨地说，从20年代起，我在这里参加过许多会议，那时地质界的人很少。现在地质工作一片热气腾腾的景象，让人振奋。李四光最后作了总结发言，强调地质工作要为新中国建设服务。他在发言里第一次提出并且批判了"买办科学家"❶。与会代表都明白，他主要是指当时在法国避难的翁文灏。在新政权刚建立之时，李四光的说法符合当时的政治大环境。

在兵马司9号召开的这次重要会议，讨论了地质机构的改组和地质教育等问题。会议提出在地指委的领导下成立一局两所，即矿产地质勘探局，地质研究所和古生物学研究所。兵马司9号见证了新中国第一次地质机构组合的全过程。1951年5月，一局两所在南京正式宣布成立。

改革开放以后，随着学术研究环境的逐步自由和宽松，特别是近30年来民国史研究的深入，对成立最早、规模最大的地质机构——中国地质调查所的研究终于打破各种历史禁忌，逐渐从还原历史原貌、拨乱反正的功能，转向学术性研究。1992年，黄汲清建议收回地质调查所旧址——兵马司9号，建立纪念馆。地质图书馆从1982年至今年，多次举办馆庆纪念活动。我们相信，地质图书馆见证了地质工作曲折发展和新旧时代变迁的旧址——兵马司9号，作为中国近代科学纪念地，终将得到的保护和利用。

---

❶　中国地质工作计划指导委员会扩大会议记录. 1950年。

参 考 文 献

胡宗刚. 2005. 静生生物调查所史稿. 济南: 山东教育出版社.

李学通, 刘萍, 翁心钧. 2014 翁文灏日记(第 2 版). 上海: 中华书局.

曾鼎乾, 程裕淇, 陈梦熊. 1996. 前地质调查所(1916 – 1996)的历史回顾. 北京: 地质出版社.

张尔平, 女 (1959—), 副研究员, 山东泰安人, 中国地质图书馆. 北京市学院路 29 号. 邮箱: ephang@126. com.

中国的地质调查为何会在辛亥革命后开始

赵腊平

（中国矿业报　北京　100055）

中国的地质调查之所以在辛亥革命后起程，有几个具体的背景不能忽视。换句话说，中国的地质调查是应"运"而生的，有其逻辑自洽的合理性：一方面，鸦片战争之后，看到西方列强在自己的国土上疯狂地掠夺矿产资源，一部分先知先觉的爱国之士，通过深邃地思考后，认为必须通过开发矿业、强国富民，才能拯救民族于水火，维护矿权、实业救国的呼声日益高涨；另一方面，大量西方人涌进中国进行地质调查、近代地质学传入、地质教育的兴起以及科学与民主思潮的出现等，使得建立中国自己的地质机构、开展地质调查成为必然。

我们就从以下几方面进行阐述。

1 大量外国人进入中国进行地质调查

鸦片战争后，西方列强用炮舰打开了中国尘封已久的国门，强迫清政府签订一系列不平等条约，从此，中国沦入半殖民地半封建社会的深渊。

从那时起，在中国尚没有自己的地质调查队伍的情况下，大量外国传教士、商人、旅行家及地质学家蜂拥而来，强行到中国境内进行地质调查。他们搜集资料、测绘图件、采集标本，带回其国内研究，写成著作并正式发表。

据中国地质调查局发展研究中心副主任施俊法等专家研究，并综合其他学者的有关研究成果，这个时期来中国开展过考察与地质研究的外国地质学家及其出版的著作主要有——

19 世纪中叶，英国人斯特拉克里曾到西藏喜马拉雅山地区进行地质考察，1848 年，发表《论西藏地质》一文，1851 年又发表《论喜马拉雅山山脉和西藏地质》一文。

1861 年，英国人金斯米尔来华，在我国东部、南部从事地质考察，做过大运河北段的测量工作，调查研究过我国黄土。著有《中国东南省份的边区煤田》《中国地质重点在扬子江下游各省》等文章。回国后还在伦敦地质学会作过《中国之地质》的专题演讲。

1863 年，美国地质学家拉斐尔·庞培里应邀来华工作了两年多，走遍了华东、华中、华北很多地区。回国后，1867 年出版了《1862—1865 年期间在中国、蒙古和日本的地质研究》，全书共 10 章，其中 9 章内容都是关于中国的。他是以近代地质科学方法对中国广大地域进行系统全面研究的第一位学者。他详列了"中国有用矿产产地目录",共列出矿产地 276 处,其中铁矿 112 处,有色金属 116 处,非金属杂类矿 48 处,可以认为,他也是编撰《中国矿产志》的先驱。

1865 年,法国工程师罗歇到我国云南省考察,于 1879—1880 年出版了《中国云南省》(两卷)。其中第二卷论及该省各类矿产分布,并记述了铁、铜、锡、银矿等之冶炼方法。

1868 年,德国地质学家李希霍芬获得美国加州银行和上海西商会提供的资助,借此机会他在 4 年间到中国进行了 7 次旅行考察,考察时间累计约 20 个月,行程数万千米,走遍了大半个中国。1872 年末回国后,出版了最少 300 万字以上的 5 卷大部头的巨著——《中国:亲身旅行及据此所作研究的成果》,另有地理和地质图册两集,堪称"中国近代地质科学启蒙时期之经典"。传入我国后,成为我国地质学家工作的重要参考书。

1892—1894 年,俄罗斯地质学家奥勃鲁乔夫参加波塔宁领导的蒙古和中国考察队,穿越了中国"三北"(东北、华北和西北),1894 年发表了《祁连山山脉概要》一书。在 1905—1906 年及 1909 年,奥勃鲁乔夫又两次进入中国西北地区,提出了黄土成因的"风成学说"。他还论证准噶尔地区有石油、沥青、煤及金矿富集,并提出通过准噶尔修建从莫斯科到北京的铁路线。

1895 年,法国矿业工程师杜克洛参加里昂商会组织的"中国经济考察团",由越南进入我国云南省昆明,对沿途矿产资源,尤其是东川铜矿做了考察。

1897 年,英国地质学家毕克姆、法国地质学家勒库黎到我国广西进行地质矿产调查,并测有地质图,他们的工作开创了广西矿产地质调查的先例。

1905 年,清政府聘任日本地质学家阿部正治郎到陕西延长县考察,经试凿发现石油,1907 年设延长石油厂,聘日本人佐藤弥市郎为技师,同年凿成我国大陆第一口油井——延长一号井,开创了我国大陆石油生产史。

1909 年,英国地质学家戴维斯考察山西太原西山煤系,于 1922 年发表了有关该区石炭二叠纪煤系划分对比的文章。

这个时期来中国且后来与中国的地质调查发生关联的,还有一位取了一个地道中文名字的瑞典年轻地质学家"新常富"。他刚从大学毕业就来到中国山西太原定居,参加了山西大学的筹建,后长期担任该校地质系教授,还帮助该校建立了博物馆。他还向北洋政府建议聘请瑞典地质学家来华工作。北洋政府农商部矿政司采纳了他的建议,在 1914 年以高薪聘请了两位著名的瑞典地质学家安特生和丁格兰任顾问。他们来中国后和新常富一起着重调查了北京附近及华北的矿产资源,并对宣化龙烟地区发现的铁矿进行了深入研究。安特生还参加了北京农商部地质研究所的教学工作,多次带领该所学员去北京西山和华北地区进行野外实习及考察,搜集了华北地区的资料。

……

应该说,这些外国"客卿"早期在中国从事地质研究显然是"越俎代庖",但他们毕竟是在中国土地上进行地质学研究,获得的成果载入了世界科学的典籍,对世界地质科学事业的发展做出了贡献,也为以后中国人自己从事地质调查和研究工作积累了资料,创造了必要的条件，因此应当实事求是的评价。

事实上，中国地质学的先驱们对他们给予了"极端公正、恰如其分的评价"。比如，1933 年即德国人李希霍芬诞辰百周年时翁文灏曾在《中国地质学会志》（英文刊）上发文，肯定了这位德国地质学家为中国地质学所做的贡献："中国地质学的巩固基础，实在是由德国人李希霍芬最早奠定的……李氏之前，关于中国地质学所知极少……"

但也要看到，因为他们掌握了情况，使中国的地质特别是矿产分布情况也暴露在世界的目光之下。比如，李希霍芬《中国》一书中所称"中国矿产资源异常丰富，尤其是煤的蕴藏量为世界之冠，山西一省之煤可供全球使用千年有余"等，一时在海外引起震动，引起了西方列强对我国矿产宝藏的垂涎觊觎。

2 日本等西方列强疯狂掠夺我国的矿产资源

鸦片战争后，西方列强开始对中国的矿产资源进行勘探与开发，并肆无忌惮地掠夺中国的矿产资源。

日本觊觎中国的矿产资源由来已久。

1895 年，清朝北洋海军在中日甲午海战中失败，清政府被迫签订《马关条约》，条约明文规定允许日本在我国通商口岸任意从事工业制造，实际上更扩大到矿产开发，这被其他西方列强援用。

1904 年，日本和俄国在我国东北地区开战，俄国战败后，两国在美国朴茨茅斯签订了和约：东北大部分地域由原来俄国的势力范围变成了日本的势力范围。日本获取特权最多的是辽宁省，因其处于整个满洲之南，所以称为"南满"。

1907 年，由日本建立的"南满洲铁道株式会社"（简称"满铁"）开始营业。这实际上是日本帝国主义经营我国东北的"国策会社"。营业之初，就在矿业部下设地质课（科）和煤田地质调查事务所，1909 年地质课改为地质研究所，下设庶务科、地质科、矿产地质科、物理探矿科和研究科，共 5 个科，专门在东北进行地质矿产调查与研究。

根据资料统计，从甲午战争后到"九一八事变"36 年中，为了掠夺中国东北的矿产，日本人在东北开展了大规模的地质工作，并撰写了大量的地质工作报告。如果按省份分类，辽宁省的达 215 份，吉林省的 46 份，黑龙江省的 5 份，分别占在中国开展地质工作的 15 个省份中的第一、二、九位。另外还有涉及东北两个省以上的达 8 份。

日本人在华开展地质工作较多的另一个地区是台湾省。1895 年，清政府被迫与日本签订《马关条约》，将台湾割让予日本。

根据资料，从甲午战争后到"九一八事变"36 年中，日本人撰写的有关台湾省的地质工作报告达 10 份之多，居 15 个省份中的第五位（仅次于辽宁、吉林、山东、河北，而台湾的面积仅是以上 4 省的 1/6 到 1/4）。

日本侵略者除了进行地质矿产调查外，还以武力直接占领现有的矿区，掠夺开采矿产资源，最典型的便是抢劫辽宁的抚顺煤矿和鞍山铁矿。

1904 年，日本帝国主义以战胜国的身份取得原沙俄在东北的特权。他们凭借武力，在 1 个月内将抚顺煤矿全部侵占，把华兴利公司开采存储的 4000 多吨煤炭运回日本国内。

1905 年 5 月 1 日，日本侵略者在抚顺成立隶属于日军大本营的"采炭社"，对该煤矿进行掠夺式开采。1907 年，该社交"满铁"经营，他们用武力强占土地，扩大开采区域，掠夺煤炭资源。当年抚顺煤炭产量为 23.3 万吨。后来年年直线上升，1910 年产量达到 131.1 万吨，3 年之内几乎增加了 6 倍。

1909 年 8 月，"满铁"在鞍山地区调查温泉时，发现了铁矿。后来又发现了鞍山西南的营口大石桥（今营口市）菱镁矿，还有黏土矿等资源，经过以后 10 年的建设，成立了鞍山制铁所，于 1919 年正式投入生产。

谈到列强掠夺中国矿产的卑劣行径，鲁迅和顾琅编著的《中国矿产志》在"导言"中专门用了一章的篇幅进行揭露，并且大声疾呼："我国民当留意焉。"他提醒："列强将来工业之盛衰，几一系于占领支那之得失。遂攘臂而起，惧为人先。"于是便"划分势力范围""瓜分中国"，"于是今日山西某炭田夺于英，明日山东各炭田夺于德，而诸国犹群相要曰：采掘权！采掘权！"于是"行将见斧凿丁丁然，震惊吾民族，窟洞渊渊然，蜂房吾土地"。"及尔时，中国有矿业，中国无矿产矣！"

3 开办现代矿业必须掌握地质学和采矿知识

面对西方列强对中国矿产的肆意掠夺，一些爱国之士及清政府内部的洋务派官僚深感问题严重，提出了"师夷之长技以制夷"的主张，疾呼"开矿致富"。比如，康有为当时提出："美人以开金银之矿，为图强要务之一；英人以煤铁之矿，雄视五洲；其余各国，开矿均富 10 倍。而藏富于地，中国为最……我若不开，他人入室。"洋务派也认为"东西洋无不开矿之国"，"且以此致富强"。于是，开办新式矿业成为洋务派强国求富的主要活动之一。

要开矿，首先要找矿，这就需要相应的地质学与采矿知识。但众所周知，由于长期的封建统治特别是清王朝后期的昏庸无能，闭关自守，中国在近代科学技术方面被西方国家远远甩在了后面。在西方国家，至 19 世纪中叶，便建立并完善了近代地质学的理论和方法体系，完成了学科体制化建设，比中国至少早 1 个世纪。这样，为了解决开办新式矿业对地质学采矿学的急需，洋务派及一些有识的爱国人士开始举办翻译机构，翻译、引进与著述相关的地质学理论。同时，开始向西方国家选派留洋学生。

1843 年，英国人麦都思创办了"墨海书馆"，随后，江南制造总局译书馆、广言文馆、京师同文馆等陆续兴办；随之，涌现了一批著名的翻译学者与译著，地质科学逐渐引入国内。如英国传教士兼地质学家慕维廉在上海写成地质地理科学普及读物《地理全志》，其中有几卷就是地质学的内容。这是最早一部用中文写作的近代地质学文献。据李鄂荣先生等考证，我国近代科学意义上的"地质"一词，最早就出现在慕维廉的《地理全志》里。

19 世纪 80 年代初，华蘅芳与玛高温合译了《金石识别》（现译为《系统矿物学》）与《地学浅释》（现译为《地质学纲要》）两本书，开创了中国翻译出版近代矿物学和地质学书籍的先河。后来，他们又合译了《金石表》（就是后来的《矿物学名辞典》），这套书对中国地质学、矿物学的发展影响极大。随后，潘松与英国人傅兰雅合译了《求矿指南》，王汝聊翻译了《相地探金石法》，舒高第与沈陶章合译了《矿学考质》。这几本译著，基本上属于今天的"矿床学"。

同时，中国人自己也开始著书立说。中国人编著的地质文献最早见于 1903 年鲁迅写的《中国地质略论》，发表在日本东京出版的中文刊物《浙江潮》第 8 期；1906 年，鲁迅和顾琅又合纂了《中国矿产志》，由上海普及书店印行。

1910 年，在直隶省矿政调查局担任知矿师的邝荣光在中国地学会主办的《地学杂志》上，发表了我国首幅彩色区域地质图和矿产图——1∶250 万《直隶地质图》和《直隶矿产图》，还有我国的第一张古生物图版——《直隶石层古迹》。

"庚子"之役以后，"洋务运动"代表人物之一曾国藩推出一项有意义的举措，就是在 1870 年设立"幼童赴美留学预备班"。1872 年正式派遣 30 名 10 岁左右的儿童去美国留学。以后又连续 3 年每年都派去 30 名留美学生。这里面学地质矿业的有邝荣光、吴仰曾、邝炳光等。1877 年，清政府又派林庆升、池贞铨、张金生、罗臻禄、林日章 5 人赴法国巴黎矿务学堂学习矿务。1886 年，李鸿章又派留美归国的吴仰曾至英国伦敦皇家矿冶学校留学，于 1890 年完成学业。

据有关资料，从 1872 年至 1876 年，清政府共派出留学生 120 人，大部分学理工；1889 年又派出 64 人；1900 至 1906 年派出留学生人数达到高峰，有万余人。他们不仅学到了地质学知识，而且了解了当时地质科学的最新成就，摸清了关于当代地质科学前沿的知识。他们后来都成了中国地质事业的创始人和奠基人，成为中国地质学的先驱和中坚。留学生除了上述诸位外，学习地质、矿业的还包括——

王宠佑（1879—1958），广东东莞人，1901 年赴美国留学，1904 年获哥伦比亚大学地质矿物学硕士学位。后又留学英国、法国、德国，1908 年回国。

章鸿钊（1877—1951），浙江湖州人，1899 年 22 岁时考中秀才，1905 年留学日本，1911 年毕业于东京帝国大学理学部地质学系，获学士学位。

丁文江（1887—1936），江苏泰兴人，1902 年留学日本，1904 年又留学英国，1911 年毕业于苏格兰格拉斯哥大学，获地质学动物学双学士学位后回国。

1911 年，章鸿钊、丁文江二人参加了清政府留学生文官考试，获"格致科进士"，以后他们都成为中国地质科学事业最早的创始人和奠基人。

翁文灏（1889—1971），浙江鄞县人，1908 年留学比利时鲁凡大学地质系，1912 年毕业，其毕业论文《勒辛的石英玢岩》水平极高，荣获"特优"成绩而被破格授予博士学位。这样，他就成为中国地质学界第一位博士，也是最年轻的博士（23 岁）。他 1913 年回国，参加了北洋政府的留学生文官考试，名列第一，任农商部佥事。后来，他就与章鸿钊、丁文江共同开创了中国的地质科学事业。

李四光（1889—1971），湖北黄冈人，1904 年到日本留学。1910 年毕业于大阪高等工业学校舶用机械科，同年回国。1911 年 9 月去北京参加留学生文官考试，成绩为最优等，获"工科进士"。1913 年再度出国留学，去英国伯明翰大学，初学矿业，后改学地质，1918年获硕士学位。1920年回国，任北京大学地质系教授。

……

尽管洋务派的一系列改良运动皆不果而终，但由维护矿权、开发矿业运动引发的翻译与留学热潮，却为地质学的本土化和中国近代地质学的产生做出了贡献。

4 地质学为近代科学思潮在中国的兴起扫清了道路

杜智涛先生在他的《西学东渐与中国近代地质学的产生与发展》一文中写到，地质学所体现的辩证唯物主义精神，冲击了中国传统封建思想，它一传入中国，就与科学、民主、爱国的品质相互融合，彼此依存，为近代科学思潮的兴起扫清了道路，反过来，又推动了地质调查工作在中国的产生，为中国地质科学的发展奠定了基础。

敬天法祖是中国封建伦理纲常思想的重要组成部分。"富贵在天""天不变，道亦不变……"这种观念成为中国近代变革和民族进步的巨大阻力。而地质学作为一种科学，它客观地揭示天、地、生的变化，向人们阐明了自然界的运动规律，"月日蚀地震，雷鸣星变，皆天地自然之功用，其中有一定之法，初无所谓妖异也。"这种自然科学中的唯物主义，使人们开始怀疑过去一成不变的旧礼教，尝试用一种新的唯物的自然观去审视世界，使人们久被压抑和禁锢的思想得到了启蒙。

甲午战争以后，社会的全面变革提到了议事日程，而地质学说成为人们倡言变法的有力根据。维新运动的领袖康有为在广州长兴里创办万木草堂，向学生讲授地球及其远古动植物的演化，指出自然界的变化和人类社会的发展有一定的规律。他在给学生所列的西学必读书目中，《地学浅释》成为重要的篇目之一。同时，他在一系列给皇帝的上书中，也多次引用地质学知识，以论证变法维新的合理性和必要性。梁启超用地质学知识来说明中国进行改革的重要性和紧迫性。1896年8月9日，他发表《变法通议》，其中开宗明义的第一章就引用了地质学的知识："大地肇起，流质炎炎，热熔冰迁，累变而成地球……藉日不变，则天地人类并时而息矣"。谭嗣同、唐才常等维新派名士的思想也深受近代地质学的影响。

20世纪初赴日本、法国留学的学生中，不少地质学子如章鸿钊、丁文江、翁文灏、李四光等不仅接受了孙中山的民主主义思想，也接受了辩证唯物主义思想，他们将地质学的精神与社会革命相结合，高举科学与民主大旗，成为以地质学精神为支撑的科学与民主运动的主力军。随着新文化运动的开展，科学与民主成为革命主题，地质学中蕴含的科学精神成为这场思想革命的有力武器。

5 新式学堂的兴起开启了中国地质教育的先河

19世纪后半期兴起的洋务运动，推进了当时新式学堂的兴起。中国的地质教育最早可以追溯到洋务运动中开办的路矿学堂矿冶系，其后的1903年，北洋大学也设立了矿冶系。1909年在京师大学堂设地质门，维持了两年多，学生有4人。

我们不妨详细了解一下：

19 世纪后半叶，中国出现了首批官办新式学校，主要在传统的文、史、哲等经典课程之外，增加了外语和西方的现代科学技术，其中也包括地质矿业在内。

1862 年，中国最早的官办新式学堂——京师同文馆诞生，学制为 8 年。从第 5 学年起，加设科学馆。从第 6 学年起增设了地质矿务、航海测算、机器制造、经国策、万国公法等科目。高年级才修金石学（矿物学）课，由德国教师斯图曼博士讲授，在矿物学教学内容中也渗透了化石知识。

1863 年，在上海设立了广方言馆。1867 年以后，该馆毕业生择优赴京师同文馆科学馆再求深造。

1867 年，闽浙总督左宗棠奏准在福州马尾设立福建船政学堂，这是中国第一所海军学堂。该校也讲授地质学课程。

1889 年，两广总督张之洞奏准在广东水师学堂内增设矿务学堂，聘请英国人为教师，最初招收了 30 名学生。

1892 年，湖北铁路矿务局设立了附属矿务学堂，这是中国最早的初等矿业专门学校。

1895 年，盛宣怀在天津开办了中西学堂，其中的头等学堂为大学本科，里面设有矿物科，培养地质、采矿人才。当年 10 月 2 日，清光绪皇帝御批将中西学堂改为北洋大学堂，其中的矿务学门开始招收采矿冶金科新生。

1896 年，两江总督张之洞奏准在南京江南陆师学堂附设矿务铁路学堂（矿路学堂），浙江绍兴青年鲁迅曾到该校求学。

1898 年，康有为、梁启超辅佐清光绪皇帝领导"戊戌维新运动"，其中一项措施就是在原京师同文馆的基础上创办"京师大学堂"。该校分为天学、地学、道学、政务、文学、武学、农学、工学、商学和医学 10 个科，地学科中附设有矿学。

1909 年，京师大学堂的"格致科"内设立"地质学门"，有王烈、裘杰、邬友能、陈祥翰、路晋继 5 名学生（都是由预科德文班毕业升入的）。这一年被称为"中国高等地质教育事业的开局之年"，无疑具有里程碑式的意义。

地质教育的兴起，促进了一批地学教科书的编纂出版。如美国公理会女教士、北京贝满女子学校校长柳拉·迈诺尔编著出版的《普通地质学》（1903 年），这应是中国最早的地质学教科书。此后，杜亚泉翻译出版了中学教科书《植物学矿物学》和《最新矿物学》（1904 年），钟观浩翻译出版了《新式矿物学》（1906 年），杜亚泉编译出版了《最新中学教科书·矿物学》（1906 年）。1909 年，张相文根据日本横山又次郎的《地质学》，并参考其他书籍编译出版了《最新地质学教科书》（共 4 册），此书是中国人自己编写的第一部地质学教科书。

谈到中国地质调查工作的发端，我们不能忘记，1840 年鸦片战争以后，中国是怎样一步步沦为半殖民地半封建社会的辛酸过程；我们更不能忘记，中国地质工作的先驱们、开创者们，是如何在国破山河碎的极端困难的情况下，筚路蓝缕、卧薪尝胆，从无到有，建立起中国人自己的地质调查机构，并且学会独立地开展地质调查工作的。

中国地质图书馆文化的传承与发展

徐红燕

（中国地质图书馆　北京　100083）

摘　要： 中国地质图书馆是20世纪初伴随着中国近代地质学的启蒙而诞生的。它的第一座独立馆舍具有典型德国建筑风格，在建筑史上具有重要历史意义和学术价值。该馆是20世纪早期中国对外学术交流的中心，广泛收藏了大量珍贵的地学书刊及地质图件，是传播地球科学与文化的基地。中国地质图书馆在百年发展历程中积淀了独特的文化，构建学习型地质图书馆是实现可持续发展的必由之路。

关键词： 中国地质图书馆；图书馆文化；传承；文化构建

伴随着近代地质科学的发展，中国地质图书馆已经走过了百年风雨历程，其珍贵的地学馆藏、建筑文化的精髓、浓厚的学术氛围等蕴含着深厚的文化底蕴，折射出地学文化的时代光芒。

1　兵马司9号——20世纪早期中国对外学术交流的中心

为了开创中国的地质事业，在留学归国的丁文江等地学前辈的积极倡导下，1913年9月，中华民国政府工商部设立了两个地质机构：地质调查所和地质研究所。地质研究所是中国最早的一个专门培养地质人才的机构，地点在北京马神庙。为了满足教学与科研的需要，丁文江等人创立了以地质学及其相关学科文献为主的图书室。1916年7月，图书室移交到位于北京丰盛胡同3号的地质调查所，当时图书室只有专门书刊400余册，远远不能满足地质勘探事业发展的需要。1919年，丁文江借赴欧洲考察之机，搜集到欧美地质图籍一万数千册。于是，馆舍严重不足成为迫在眉睫的问题。通过募集经费，1920年底，丁文江以招标的方式确定由德国雷虎公司（Leu & Co., Hugo）承建地质图书馆新楼。1921年7月，地质图书馆新楼在北京兵马司9号落成，从此地质图书馆有了独立的馆舍，这无论在地质图书馆的历史还是中国近代地质事业发展史上都是一个重大事件。

地质图书馆新楼是两层砖混结构，风格别致优雅，造型古朴简洁。楼上为藏书之所，楼下为办公室及阅览室。据德国建筑学家华纳考证，兵马司9号地质图书馆楼具备典型的德国建筑风格，其底层的门及门套造型装饰颇具德国20世纪初年"新艺术运动"纹样特征，是20世纪初典型的德国前现代主义建筑作品，在北京仅此一处。该建筑不仅是中国建筑史的一部分，而且是西方文明史的一部分。

兵马司9号地质图书馆楼是现今留存罕见的中国近代科学的标志性建筑，对建筑史学尤其是中德早期建筑文化交流史学研究是难得的实例，填补了中国近代建筑史、中德早期建筑文化交流史上的空白，具有重要的历史意义和学术价值。

20世纪30年代中期以前，地质图书馆不仅是藏书所在地，也是中国近代地质学乃至自然科学的学术研究与交流活动的中心，更是中、外著名地质学家的荟萃之地，优秀地质学家成长的摇篮。中国地质事业的主要创始人章鸿钊、丁文江、翁文灏、美国地质学家葛利浦等都曾在此潜心研究。正是这批中国地质事业的创始人，使这幢中西合璧的建筑积淀了厚重的历史文化，透射出中华民族自强不息、奋斗不止的精神气韵。

地质图书馆因当时聚集了众多高水平的国际知名专家并组织了卓有成效的学术活动，至今仍备受国际地质学史界的关注。许多专业学术团体和科研机构从这里诞生，许多重要学术会议在这里举行。

1922年1月27日，中国地质学会在北京兵马司9号地质调查所图书馆成立。学会弘扬科学精神，每年都举行年会，组织学术报告，并将报告编成《中国地质学会志》。从此，高水平的国际性学术交流开始在兵马司9号频繁举行，学术气氛空前热烈，为国内外地学界所瞩目。第四纪冰川的发现、燕山运动的创立、玉门石油的发现、攀枝花铁矿的早期勘查、北京人头盖骨的发掘与研究，一项又一项重大成果相继从兵马司9号诞生，不断刷新着中国地质科学的拓荒史。

中国地质调查局、中国科学院北京古脊椎动物与古人类研究所、南京古生物研究所、南京土壤研究所、中国地质博物馆等机构也都是在这里诞生的。台湾的"中国矿冶工程学会"也认为地质图书馆为其诞生地。因此，地质图书馆所在的北京兵马司9号院旧址不仅是现存最早的中国近代自然科学机构旧址，而且是中国近代地质科学的发祥地。作为近代科学早期的学术交流中心，北京兵马司9号院旧址已引起国内外的广泛关注，国务院原总理温家宝对旧址的保护也极为重视，有关部门已将其纳入历史文化遗产保护计划。

2 广泛收藏珍贵的地学书刊及地质图件

作为中国最早的专业图书馆之一，中国地质图书馆十分重视学科本身包括文献资料在内的馆藏积累，重视建设地学文献、信息输入与输出的开放系统。

1925年1月3日，在地质图书馆召开的中国地质学会第3届年会上，翁文灏报告了为图书馆筹集购书基金的建议，该项基金的设立对图书馆的发展起到了重要作用。同年5月4日，翁文灏在《地质调查所图书馆第一次工作报告》中提出了"有馆尤贵有书，有书尤贵有用"的办馆宗旨，充分体现了"以人为本""藏用并重"的服务理念。他还明确提出"以直接关系地质学诸门类"为范围，以购买、交换、寄赠3种途径搜集图书，并介绍按类书与丛书两种方式编目图书。

在地质图书馆的文献中，收藏了近代地质学启蒙时期的许多珍贵地学文献，其中包括《天工开物》《金石识别》《中国矿产志》《地质研究所师弟修业记》《石雅》《中国矿产志略》《中国》（China）《美国科学杂志》（The American Journal of Science）《地质学杂志》（Journal of Geology）等珍贵书刊。此外，还收藏了中国地质学创立初期的珍贵地质图件，例如：周树人与顾琅合著的《中国矿产志》（1906 年版）所附的《中国矿产全图》为中国编制出版的首张矿产图；直隶省（省域约相当于今河北省）矿政调查局总勘矿师邝荣光 1910 年编制的中国首张地质图——《直隶地质图》（1：2500000）等，这些图件是中国学者进行地质制图学研究的最早成果。尤为难能可贵的是，收藏了 1933 年第一版《中国分省新图》，这是由该书的编纂者之一——翁文灏亲笔题写赠予中国地质图书馆收藏，该图集是推动中国制图事业迈入现代阶段的扛鼎之作。

自 1935 年后，地质图书馆经历了几次搬迁动荡。抗日战争期间，图书馆曾迁往长沙，后又迁往重庆，1946 年迁至南京。至 1949 年，地质图书馆共有藏书 12 万余册。1956 年 4 月，周恩来总理批准《关于建立全国地质图书馆问题的报告》。1958 年 11 月，地质图书馆新馆在北京甘家口落成，作为国家地学专业图书馆，面向全社会开放。1996 年，为迎接第 30 届国际地质大会在北京召开，一座大型的现代图书馆大楼在北京学院路 29 号落成。2000 年，全国地质图书馆更名为中国地质图书馆。作为中国地质调查局地学文献中心，地质图书馆在国内外地学界发挥着越来越重要的作用。

3 传播地球科学与文化的基地

1922 年 5 月，在地质图书馆会议室举行的中国地质学会第三次常务会议上，李四光发表了题为《中国更新世冰川的证据》（Evidence of Pleistocene Glaciation in China）的学术演讲。此后，李四光成为中国第四纪冰川遗迹的发现者、中国冰川学的奠基人。他发现的北京石景山区模式口冰川遗迹，作为史前期的科学实物，被北京市人民政府列为第一批文物保护单位。

1929 年 12 月 2 日，新生代研究室的裴文中在周口店发现了震惊世界的"北京人"头盖骨。在地质图书馆会议室召开的讲学会上，中外地质学家探讨了古脊椎、古人类研究和考古学方面的成果。随着发现的扩大和理论研究的深入，"北京人"使人类进化的序列得到肯定，为从猿到人的学说提供了科学的依据。

地质调查所陆续编辑出版的《地质汇报》《地质专报》《中国古生物志》《地震专报》等学术期刊，都由地质图书馆征订、发行和交换。其中，《中国古生物志》在当时就已成为世界古生物学和考古学研究领域的核心刊物。

1926 年，地质图书馆将地质调查所出版的学术刊物寄送给为庆祝美国建国 150 周年而举行的费城国际博览会陈列，获得该博览会荣誉奖章。

地质图书馆由此而成为中国早期地质科技成果与文化向世界传播的窗口，成为中国采集和收藏国际地学文献最有影响的机构，极大地推进了近代地质科学的研究与学术交流。

2005～2006 年，中国地质图书馆承担了国家科技部科普专项——"地球科学文化建设与发展研究"项目，通过系统的理论研究，提出了地球科学文化的基本概念，初步构建了地球科学文化的学科体系框架，公开出版了我国首部以地球科学文化为主题的专业论文集，研究并完成了《地球科学文化建设与发展行动纲要（建议稿）》，为制定科学文化普及的政策和发展规划提供了决策依据。开辟了地球科学文化网页，搭建了地球科学文化研究、交流与传播的公共平台，为我国地球科学文化的建设与发展奠定了基础。

在科技部、国土资源部和中国地质调查局的指导和支持下，中国地质图书馆先后成功举办了多届地球科学文化研讨会。光明日报、科技日报、国土资源报等多家国家级重要媒体就此做了专题深度报道，产生了广泛而良好的社会影响。

中国地质图书馆多年来致力于地学知识的普及与宣传工作。通过网上地学科普专题栏目和定期举办地学科普展览、地学院士成果及著作展、专家科普讲座、地球日、土地日等宣传活动，向公众普及地球科学知识，提高公众的地球科学文化素质，为建设低碳社会服务。2009 年 5 月，中国地质图书馆入选第一批"国土资源科普基地"。

4　构建学习型地质图书馆

当今社会，新兴技术的应用，海量信息的涌现，信息超载与知识稀缺的矛盾也愈加突出，而用户群的增加与需求细分，则使地质图书馆作为知识传递中介的职能更为重要。

创新是使地质图书馆保持竞争优势、实现可持续发展的核心。创新的重点在于知识的创新，知识只有在交流、传播与共享中才能得到发展，而实现共享的关键是将隐性知识显性化，使个人的经验、技术、人际关系等都成为图书馆的资源。要做到这一点，就必须建设学习型地质图书馆。

在建设学习型地质图书馆的过程中，要努力形成一种业务学习与探讨的氛围，促使馆员们积极参加业务学习，交流成功经验，探讨业务技能，充分地利用知识进行创新。以知识的组合、创新、传播和使用来调整图书馆内部的以及与社会所产生的政治关系、工作关系和思想文化等关系，使图书馆的服务与公众的要求相协调；馆员个人的目标与图书馆的组织目标及社会的发展相协调；使图书馆工作的各个环节、各个部门紧密衔接，形成一个不断创新、高效率的有机整体。根据每个馆员的特点，帮助其建立起在馆内的发展目标，引导其将个人目标与图书馆的整体目标相结合，并在工作中赋予其更大的权利与责任，更多的独立性和自我决策性，提升其自我满意度，使其在工作中不断创新，从而创造出既能满足图书馆的需要又符合个人愿望的绩效。

在此基础上，建立融合人本思想、价值观念、行为准则、道德规范以及全体馆员真正的责任感和荣誉感为一体的中国地质图书馆文化，并通过图书馆文化的辐射作用和传递作用，提高馆员的独立性和创造性，培养馆员的团队意识和知识共享意识，从而增强地质图书馆的内在凝聚力。

5　结　语

从北京马神庙到兵马司 9 号乃至现代的地学文献中心，地质图书馆不断发展壮大。自成立伊始，中国地质图书馆就肩负起发展和传播地球科学与文化的责任，在学术交流、科学普及、科技咨询、情报研究等方面，为促进我国地质科学事业的进步做出了重要贡献，将地质图书馆的使命与职责延伸到全民共享图书馆服务的层面，提升公民的地学文化素质和适应时代变化的能力，在实现地质图书馆事业可持续发展的同时架设起通往社会可持续发展的桥梁，充分展现地质图书馆事业与时俱进、科学发展的前进轨迹。

参 考 文 献

胡适. 1999. 丁文江的传记. 合肥：安徽教育出版社.

王鸿祯，等. 1990. 中国地质事业早期史. 北京：北京大学出版社.

翁文灏. 1925. 地质调查所图书馆第一次报告. 北京：地质调查所办事报告.

农商部地质研究所一览. 1916. 北京：京华印书局.

李学通. 2005. 翁文灏年谱. 济南：山东教育出版社.

张尔平，张复合. 2003. 兵马司胡同 9 号. 建筑创作（1）.

[德国]托尔斯顿·华纳. 1994. 德国建筑艺术在中国——建筑文化移植. Ernst & Sohn.

孟宪来，等. 2006. 用先进文化的力量推动地质事业的发展. 地质通报（5）.

孙蓓欣. 2005. 论图书馆的以人为本管理. 河南图书馆学刊（2）.

汪凌勇. 2002. 知识管理：理论研究与实践思考. 知识管理：图书馆的机遇与挑战学术研讨会论文集.

论地学文化及产业带动作用

张忠慧[1]   刘洪亮[2]

（1. 河南省山水地质旅游资源开发有限公司   河南   郑州   450001；

2. 华夏（湖南）矿物宝石展览展示有限公司   湖南   长沙   410000）

摘 要： 随着旅游业的快速发展，地质公园品牌创建，各地的地质博物馆、观赏石、宝玉石、矿物晶体、化石等地学科普产品如雨后春笋般地发展起来，一时间，地学科普迎来了前所未有的高潮，地学文化作为地学科普的一种主要形式已经成为一种新的时尚，它不仅给旅游业带来了新的活力，也带动了相关产业的发展，本文以湖北黄石市结合自身的资源特点和城市转型全力打造地矿科普文化产业为例，谈一下地学文化对产业的带动作用，以期起到抛砖引玉的作用。

关键词： 旅游；地质公园；地学科普；地学文化；产业带动

1   前言

人为什么要学地学知识？学习地学知识的必要性究竟在哪？没有地学知识真的不行吗？地质公园和地学旅游一定能够得到游客的欢迎吗？这是我在从事地质公园和地学旅游这个行业之初就一直在思考的问题。很长一段时间也苦思不得其解，直到有一天，我在无意中听到了苏芮的《酒干倘卖无》这首歌以后，才有点豁然开窍的感觉，歌中的"没有天哪有地，没有地哪有家，没有家哪有你，没有你哪有我"不仅道出了人间亲情的重要，更道出了"天地关系、人地关系、天地人关系"的真谛。它告诉了我们一个不争的事实，那就是地球和天空是我们人类生存的环境，我们人类要想保护我们生存的环境，就必须要知道这个环境的一些基本知识。这就是地学科普，而地学旅游作为地学科普的重要平台，将在地学科普中起到不可替代的作用。

为了加大科学普及的力度，1999 年中国科协提出了"全民科学素质行动计划"；2016 年 3 月 14 日国务院又发布《全民科学素养行动计划纲要实施方案（2016—2020）》；2016 年 5 月 30 日习近平总书记在"科技三会"上强调，科技创新、科学普及是实现创新发展的两翼，要把科学普及放在与科技创新同等重要的位置。2016 年 7 月 20 日，习总书记再次在中国地质博物馆建馆 100 周年贺信中殷切期望广大科学研究和科普工作者"不忘初心、与时俱进"，以提高全民科学素质为己任，以真诚服务青少年为重点，更好地发挥地学研究基地、科普殿堂的作用，为建设科技强国、实现中华民族伟大复兴的中国梦再立新功。一个新的地学科普热潮正向我们走来。

2 地学文化

原华中理工大学（现华中科技大学）校长、著名机械工程专家、教育家、现任中国科学院技术科学部副主任、华中科技大学学术委员会主任、湖北省文化产业商会首届顾问委员会成员的杨叔子院士有一个非常震撼的理念："没有文化的科学是残缺的科学"。他认为："一个国家、一个民族，没有现代科学，没有先进技术，就是落后，一打就垮；然而，一个国家、一个民族，没有民族传统，没有人文文化，就会异化，不打自垮"。正是这句话让我触动很深，我们知道，科学是为人类服务的，一个国家、一个民族要想强大，必须有先进的科学技术做支撑，同时，科学只有文化做导向，才能够保证为这个国家、这个民族做好服务。更为重要的是，很多文化的形成都是建立在科学实践的基础上的，二者之间很难断然分开。

地学是我们身边的科学，在我们从事地学研究的圈子里，有一句话广为流传："地学就在你身边，地学就在你脚下"。在一定程度上诠释了地学和人类的密切关系，也更加说明地学科普的重要性。而对于广大公众而言，最好的普及方式就是文化传播，这就需要我们把地学提升到文化的层面。但是，我们知道，在科学和文化之间，横亘着理性与感性、形象思维与逻辑思维等几道看似不可逾越的鸿沟，任何人想要一跃而过都不是一件容易的事，再加上文化是一个很大的范畴，因此，很少有人能够从理论的高度对地学与文化进行系统的总结。笔者在长期主持地质公园的建设中，深刻地认识到地学与地形地貌、生态环境、农业养生、民俗特产甚至寓言故事、成语故事都存在着千丝万缕的关系，并针对不同地质公园的特点，分别对公园内的地学基础、科学解说、科学旅游、地学文化以及它们之间的相关关系进行了探索（图1），从地质学的角度、旅游应用的角度、地质工作的角度、地矿生活的角度、表现形式的角度和历史阶段的角度等6个方面对地学文化的分类尝试性地提出了一个初步的分类方案（表1）。

表1 地学文化分类一览表

序号	地学划分	地质工作划分	旅游应用划分	表现形式划分	历史阶段划分
1	矿产地质	科学研究	饮食文化	物质文化	启蒙地学文化（寓言故事）
2	水文地质	地学教育	住宿文化		
3	工程地质	基础调查	交通文化	非物质文化（影视动漫）（诗词歌赋）（报纸杂志）	古代地学文化（山水田园）
4	环境地质	矿产勘查	游览文化		
5	旅游地质	（找矿勘探）	娱乐文化		近代地学文化
6	农业地质	（矿山开发）	购物文化		现代地学文化

本文主要结合自己的工作实践，重点探讨一下旅游应用角度的地学文化。我们知道，地学旅游的一个主要任务就是"让地学在人文的海洋里徜徉"，而地学旅游文化的一个关

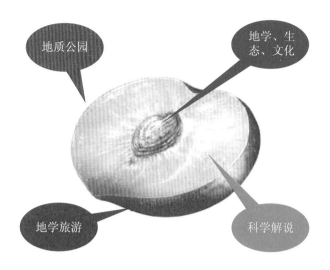

图1 地质公园、地学旅游、科学解说、地学、生态、文化相关关系示意图

键点是如何和旅游文化的融合，也就是怎么样把地学融入旅游的"六要素"，即"吃、住、行、游、购、娱"里面。形成以"吃"为特色的地学饮食文化，包括地质食品、养生酒水、地质座椅、地质器具等等；以"住"为特色的地质宾馆文化，包括地质诗画、地质雕塑、地质工具、地质器皿、宣传资料、地质房间等等；以"行"为特色的地质交通文化，包括地学标示、地学号交通车、地学宣传资料等等；以"游"为特色的主题产品文化，包括地貌文化、化石文化、地质构造文化、水文化、环境教育文化、生态文化、历史文化等等；以"购"为特色的地质商品文化，包括地学纪念品、地学商品等等；以"娱乐"为特色的乡土文化，包括物质文化和非物质文化等等。最终形成一整套以地学为特色的旅游文化。

3 地学文化的产业带动作用

"地学＋"文化与"旅游＋"所释放出的"洪荒之力"，正在成为国家"大众创业、万众创新"政策的助推器。尤其是"民生地质"，给我们从事地质技术服务的地勘单位拓宽了服务的领域，地学＋水文、地学＋环境、地学＋城市、地学＋农业、地学＋旅游等与"民生"相关的大地质技术服务越来越受到公众的关注，并催生出地质公园、矿山公园、地质博物馆、养生养老基地、枯竭城市转型等诸多产业，据CGN公布的资料显示：截至2015年底，我国有世界地质公园33家，国家地质公园（含获得资格）241家，省级地质公园数百家，还有诸多的国家和省级矿山公园、国土资源科普基地、地质博物馆、地质主题公园、养生养老基地等，这些地学文化产业又在强力地推进地学文化的繁荣。

3.1 地学＋农业＋环境＋旅游，带富了一方百姓

生态地质、农业地质、水文地质的成果，在广大农村圈出了大面积的清洁土壤、富

硒土地、天然矿泉水、地热水等，把这些天然的优势资源与传统的农林牧渔产业结合起来，同时开发成旅游资源，不仅可以收获新的经济效益、社会效益，也让一方百姓的腰包鼓了，精神更充实了。

永城市是河南省东部的一个以煤炭和粮食为主的县市，储量丰富、质地优良的煤炭资源让永城走进了全国百强县的行列，然而，矿业形式的严峻和绿色理念的增强，让永城市把发展的目光定位在粮食上。如何发挥粮食资源的优势让永城市再铸辉煌，成为摆在每一个永城人面前的大难题。而就在此时，承担河南省农业地质调查工作的河南省地质调查院伸来了援助之手，他们根据永城城市的区域地质背景和农业地质的区域调查成果，推断永城拥有大量的富硒优质土地，为了进一步摸清永城富硒土地的分布范围及富硒程度，河南省地质调查院和永城市政府携手开展了永城市区及周边土壤地质调查，初步成果显示在永城发现了集中连片的绿色富硒土地资源，西起卧龙，东至庙桥，呈带状分布。永城市城区周边规模最大，硒含量大于 0.4 mg/kg 的地块面积约占调查面积的15%，主要分布在该市城关镇西北部。同时该区富含锰、铜、锌等有益元素，且土壤养分含量丰富，环境质量优良，适合发展绿色富硒产业。这一成果得到了市委、市政府的高度重视，新发现的宝贵富硒土地资源将成为政府土地资源规划、开发、保护和管理重要的地球化学依据，尤其是将土地天然富硒特色与农业产业发展多方位结合，以"创新、协调、绿色、开放、共享"的发展理念推动富硒生态产业发展，提高小麦等农产品附加值，不仅实现了永城市发展的新跨越，而且带动了永城市的旅游发展，带富了一方百姓。

3.2 地学＋矿业＋环境＋产业，带动一地转型

在新中国的历史上，有无数个矿业城市为祖国的繁荣昌盛做出了突出的贡献，今天，这些矿业城市或由于矿产资源的枯竭或由于矿业形势的严峻而面临转型，留下的是环境极度恶劣的残山剩水，如何把这些残山剩水变成城市转型的优势资源，是每个转型城市都在认真思索的一个问题。矿产地质、城市地质、工程地质将在变残山剩水为资源和产业的过程中，起到强力的推进作用。下面，以黄石的城市转型为例说明之。

位于湖北省东部的黄石市，曾是全国六大铜矿基地、十大铁矿基地之一，素有"百里黄金地、江南聚宝盆"之称（傅天好等，2015）。被誉为"中国的鲁尔"（王琼杰，2016），是中国工业文明的典型缩影。境内矿产资源非常丰富，已探明矿产有四大类78种之多，正是由于资源禀赋的优势，早在3000多年前，黄石的先人们便开始了铜的开采与冶炼（铜绿山遗址）。他们大兴炉冶，创造了光彩夺目的青铜文化。100多年前，民族工业先驱张之洞在这里创办了最早的钢铁联合企业——汉冶萍煤铁厂矿股份有限公司。新中国成立初期，国家在这里布局了一批冶金、机械制造和建材企业，可以说是各种矿产资源成就了黄石的辉煌，城区内上千个烟囱曾是黄石繁荣昌盛的象征。然而，资源就像一把双刃剑，既成就了黄石昔日的辉煌，也使黄石走到了"矿竭城衰"的边缘，更给黄石带来了严重的生态创伤，据统计：山体方面，开山塘口400多处、塌陷区8.4 km²、地质灾害隐患点近500处，泥石流、地裂等地质灾害频繁发生；土地方面，损毁土地面积

21×10^4 亩❶、废弃地 7×10^4 亩；水体方面，湖泊污染严重，生态功能退化；空气方面，每年降尘量 6000 多吨，部分区域市民不敢开窗户。不仅如此，传统工业衰落，产业工人失业……一系列经济社会问题接踵而至。如何变残山剩水为资源优势，并结合黄石市目前的产业特点，探索一条适合黄石城市转型的发展之路成为摆在黄石人面前的现实。

黄石市委、市政府根据省委"绿色决定生死、市场决定取舍、民生决定目的"的三维纲要，提出了"生态立市、产业强市，建设鄂东特大城市"的转型目标（陶忠辉等，2015）。在转型过程中，黄石牢固树立绿色发展理念，着力保护好生态环境和山水、岸线资源，让市民望得见山、看得到水、记得住乡愁（陶忠辉等，2015）。黄石这座曾经饱受污染的重工业城市，如今正在变身为"生态新城"（傅天好等，2015）。

为了进一步将黄石丰富的"物质形态的地矿资源"转型升级为"精神形态的地矿科普文化旅游资源"（王琼杰，2016），2015 年 1 月，黄石市政府根据黄石特有的地矿资源优势，决定重点打造长久性的"黄石矿物晶体奇石文化博览园"，与已经建成的园博园、奥林匹克中心三者共同构成区域级的旅游休闲文化区。这一举措同时得到了湖北省委、省政府的高度重视，黄石矿博园随之升格为"湖北省（黄石）矿博园"（王汉文，2016）。

黄石矿博园是集中展示黄石矿冶文化、矿物晶体和奇石等资源、地质科普的对外窗口（王汉文，2016），具有地方特色和引领辐射作用的生产加工文化创意产业园，总用地面积约为 29.7 hm^2，分为地质博物馆及珠宝鉴定中心、四星级酒店、奇石文化博览园、住宅区及配套商业区、矿产品加工区 5 个功能区域和精品馆、奇石街市场、淘石村三大商贸区。其中一期工程总建筑规模 12 万平方米，项目总投资为 7.2 亿元。通过矿博园这个平台，聚合市域内所有工业遗址、地质公园及所有矿山企业、矿产资源，努力将"物质形态的地矿资源"升级为"精神形态的科普、文化、旅游资源"，将城市打造成为"中国科普胜地"和"世界地矿名城"，推动地方经济社会持续发展。

2016 年 9 月 26—28 日，在已经建好的矿博园内，举办了"湖北黄石首届地矿科普展"，展会期间，举行了地学科普高峰论坛、化石科普论坛和地学旅游大会筹备会议（谢宏，2016），标志着我国首个"地矿科普"基地已经建成启航。

4　结束语

纵观历史上人 - 地关系的演变，从"天命不可违"到"愚公移山、人定胜天"，最后发展为"人天共存"或"天人合一"，走过了"正 - 反 - 合"的曲折道路。当然，目前的认识并不等于发现了终极真理，随着人类文明的发展，人类的人 - 地观（环境观）还将继续发展。准确把握人 - 地观发展规律，大力弘扬地学文化，对我国地球科学的普及和繁荣、旅游产业的兴旺和昌盛，尤其是人与自然的可持续发展具有重要的战略意义。

---

❶　1 亩 = 100 m^2。

参 考 文 献

傅天好，周光兵，陈曦，刘伟峙. 2015. 黄石促城市转型解读:鄂东正崛起"生态新城". 黄石日报, 鄂东新闻, 2015 – 12 – 10.

郭探微. 2016. 旅游业为何能成为"双创"最活跃的领域之一. 中国旅游报, 2016 – 08 – 21.

林善园，刘晶. 2007. 地学文化的历史传承. 全国地学哲学委员会学术会议论文集

陶忠辉，王义才. 2015. 资源枯竭型城市迎来新机遇 黄石如何发力绿色转型. 湖北日报, 2015 – 02 – 01.

王汉文. 2016. 矿博园告诉世界:黄石在这里. 东楚晚报, 2016 – 4 – 2.

王琼杰. 2016. 黄石打造我国首座"地矿科普"基地. 中国矿业报, 2016 – 07 – 12.

谢宏. 2016. 湖北黄石打造地矿科普胜地. 财经报道, 2016 – 09 – 29.

张忠慧. 2014.《徜徉》在地质与人文的世界里. 郑州：中州古籍出版社.

张忠慧. 2014. 地质公园科学解说理论与实践. 北京：地质出版社.

"三光荣精神"的发展历程和最新理解

潘云唐

（中国科学院大学　北京　100049）

　　我国地质调查百年历史中，都贯穿着优秀传统，老一辈地质学家用他们的光辉行动，树立了卓越的楷模。我国早期地质事业的创始人、奠基人章鸿钊、丁文江、翁文灏、李四光在很年轻的时候留学国外，研习地质，学业有成就迫不及待地回国，开创了中国自己的地质事业。

　　丁文江在地质工作中，提出了响亮的口号："登山必到峰顶，移动必须步行"（不坐车，不坐轿，不骑马）；"平路不走走险路，近路不走走远路"。他们的学生是中国培养的第一代地质工作者，在他们领导下取得了出色的成绩。章鸿钊、翁文灏把他们的学生写的实习报告择优编成了《地质研究所师弟修业记》一书，这部书是我国地质工作者早年研究祖国区域地质、地层、古生物成果之结晶，在我国地质调查史上享有崇高的声誉。

　　李四光早年留学日本、英国。他在英国伯明翰大学取得地质学硕士学位以后，既不愿留在那里继续读博士，也不愿去英国人在殖民地印度开的矿山当地质工程师，而要回到北京大学任教授，为祖国地质教育与科研都做出了卓越贡献。1948年李四光去英国伦敦出席第18届国际地质大会，后留在英国讲学，1949年，新中国成立后，他冲破重重困难，于1950年5月回到北京，成为新中国地质事业的杰出领导人，为祖国地质事业立下了不朽的功勋。

　　黄汲清1928年毕业于北京大学地质系，他成绩优异，基本功扎实，表现出非凡的天才，深受师友赏识和钦佩，丁文江、翁文灏早就将他内定为接班人。1935年他在瑞士取得地质学博士学位，1936年初回国时，已进入政界的翁文灏就让他接班，担任实业部地质调查所地质主任，年仅32岁，紧接着又让他任副所长（33岁）、所长（34岁），成为我国地质科学界第二代杰出领导人，这不论在中国，乃至全世界都堪称奇迹。黄汲清后来在大地构造、石油地质等学科领域都有重大成就，成为我国地质界一代宗师。他1948年去英国伦敦出席第18届国际地质大会，会后从事访问与讲学。1949年他回国途经香港时，反动学阀傅斯年邀他去主持领导台湾大学地质系；他断然拒绝，最后回到重庆，与亲人团聚，迎接了解放，后来为新中国地质事业做出了重大贡献。

　　边兆祥1936年毕业于北京大学地质系，经人介绍去山东省民政厅当土地丈量员，工资每月100块大洋，工作比较轻松，工作之余就是陪同事打打麻将、喝喝小酒。但他心中却很纳闷："我是北京大学地质系名牌毕业生，难道一辈子就这样生活下去吗？"1937年初，他写信给在南京的实业部地质调查所，表明自己想去该所工作的意愿。后来接到该所黄汲清副所长的回信，主要说明两点："您虽然是北京大学地质系名牌毕业生，但进本所仍要通过考试；本所经费不宽裕，刚入所者工资仅为每月50块大洋"。边兆祥毅然辞去山东的土地丈量员职务，到南京地质调查所以优异成绩考入。边兆祥"宁要50块，不要100块"的事迹一时传为佳话。

在新中国时期，地质事业蓬勃发展，国民经济恢复时期及"一五"时期，短短几年内我国地质队伍由数百人发展到数万人。通过卓有成效的思想政治工作，特别是回忆、学习老一辈地质工作者的光辉事迹和优秀品质，又奖励、表彰、宣传具有突出贡献的先进模范人物，在激励和鼓舞广大职工艰苦奋斗、献身地质事业、形成具有行业特色优良传统和作风等方面，发挥了榜样和示范作用。较早时期，提出过"以地质为业，以深山为家，以苦为乐，以苦为荣"的"四为"口号。

1962年，地质部党组书记、副部长何长工提出："对广大职工进行地质工作光荣感的教育，使他们认清前途，安心工作"。改革开放初期召开的全国地质系统评功授奖大会上，党组书记、部长孙大光又说："这次大会是为了树立献身地质事业光荣的思想，恢复和发展实事求是、艰苦奋斗、勤俭办地质事业的优良传统"。1983年3月，在全国地质系统基层模范政治工作者表彰大会上，地质矿产部副部长兼政治部主任朱训代表部党组提出："在全国地质系统深入持久地开展以共产主义思想为核心，以献身地质事业为荣，以艰苦奋斗为荣，以找矿立功为荣的'三光荣'教育，以此作为组织和动员广大职工为实现地质工作目标的强大动力"。他特别说明了与早先"四为"口号相比较的区别和进步。有的地质队员认为"以深山为家"不合适，地质工作流动性大，不一定都在深山，而且把家长期安在深山里，也不利于家属就业和孩子上学。仅仅提以苦为乐、为荣，就把艰苦奋斗当成目的，也很不合适，真正的目的是要出色完成地质工作任务。在今天，虽然地质工作在促进整个经济社会发展中已有更加丰富的实际内容，例如"水工环"地质、防灾减灾等，然而，地质工作最主要、最核心的内容还是在于找矿，以"找矿立功"为根本目的。最后，部党组综合会上各方面意见，决定用"以献身地质事业为荣，以艰苦奋斗为荣，以找矿立功为荣"的"三光荣"口号取代原来的"四为"口号，从而凝聚力量、鼓舞斗志，推进地质事业的快速发展。与会的国务院副总理王震等中央领导也充分赞赏这一决定。

1991年，中共中央总书记江泽民为河南省平顶山市的"地质工作者纪念碑"题词："献身地质事业无尚光荣"。地矿系统逐步建立和完善经常性的"三光荣"教育，使"三光荣"持续为地质事业的发展提供精神上的动力。

21世纪初，中共中央总书记胡锦涛提出"社会主义荣辱观"（"八荣八耻"），其中有"以艰苦奋斗为荣，以骄奢淫逸为耻"。我们地矿系统的"三光荣"精神中，"以艰苦奋斗为荣"与此完全一致。这说明"艰苦奋斗"精神不仅在地矿行业，在祖国社会主义建设的各行各业都完全适用。它甚至是我们社会主义祖国每一公民都应具备的精神，我们新中国60多年的建设、特别是改革开放40来年的建设，使我国逐渐富强起来，而今成了世界第二大经济体，但我们还要进一步完全建成小康社会，前进的道路上永远存在着问题和困难，需要我们去解决、去克服、去创新，所以，"艰苦奋斗"的精神无论什么时候都需要，坚持艰苦奋斗永远都是最光荣的。我们地矿行业的同志，多年来以"三光荣精神"，特别是其中的"艰苦奋斗精神"很好地完成了地质工作任务，"找矿立功"，也为其他兄弟行业树立了榜样，大家取长补短，相互学习，彼此促进，为祖国社会主义建设创造了更多的辉煌。

2012年，党的十八大以后，新一届党中央提出了"社会主义核心价值观"：富强、民主、文明、和谐、自由、平等、公正、法治、爱国、敬业、诚信、友善。这当中，使我们首先想到"敬业"这一项。从事任何行业的人，都应当有"敬业"精神。自己选定了某一行业，或组织上安排自己干某一行业，就要干一行，爱一行，对这一行业产业浓厚的兴趣，激发起无穷的动力，去出色完成任务，反过来又加深了对这一行业的感情，如此良性循环，方能成就大业。相反，如果三心二意，"这山看到那山高"，东跳槽，西跳槽，什么都是龙头蛇尾，浅尝辄止，最后"竹篮打水一场空"，一事无成。

人们选择"地质行业"，一开始可能有"免费旅行""游山玩水""野外津贴"等低级、狭隘的想法。然而，随着学习和工作中取得成绩，从党和国家领导人对地质事业的强调和重视，自己也就跳出了狭隘的圈子，对地质事业培养起浓烈的兴趣和深厚的感情，产生无穷的动力，以艰苦奋斗的精神，去为祖国找矿立功，创下优秀的成绩，把祖国社会主义建设事业更加推向前进，祖国不但成为大国，而且逐渐成为"强国"，自立于世界民族之林。这又符合"富强"这一项。我们地质人通过"敬业"，艰苦努力地为国家创造财富，使国家富强起来，这又符合"爱国"这一项，这使我们热爱祖国落到了实处。我们从"社会主义核心价值观"中的"敬业""富强""爱国"中又汲取了更多的力量，更有利于贯彻我们的"三光荣"教育。

厚植家庭养廉促廉保廉文化

李国宏

（山东省地矿局　济南　250013）

山东省地矿局党委，立足地矿系统点多、线长、面广的特点，始终把地矿文化建设作为凝聚、激发、引领整个干部职工队伍干事创业的重要"源动力"，尤其在"家庭建设"方面，突出家庭作为养廉促廉保廉重要阵地作用，坚持从"情"字入手，从根上着力，全员参与，上下协同，取得了扎扎实实的成效。

1　坚持打造一支家庭"纪委书记"队伍

《孟子·离娄上》有言："天下之本在国，国之本在家"。习近平总书记指出："家庭是社会的基本细胞，是人生的第一所学校。不论时代发生多大变化，不论生活格局发生多大变化，我们都要重视家庭建设，注重家庭、注重家教、注重家风"。"领导干部的家风，不是个人小事、家庭私事，而是领导干部作风的重要表现"。总书记关于家庭、家教、家风的精辟论述就是对中华传统文化的传承和发扬，对于党风廉政建设具有方向性、根本性的指导意义。为人处事、尽忠守职对个人来说是作风、对家庭是家风，由此放大就是民风、政风和党风。家风对于个人作风的塑造、锤炼和养成，无疑具有基础性作用。

长期与大自然打交道，地质工作者展现了朴实、憨厚、吃苦、奉献的形象，地矿系统形成了"以献身地质事业为荣、以找矿立功为荣、以无私奉献为荣"的"三光荣"精神，和"特别能吃苦、特别能战斗、特别能奉献、特别能忍耐"的"四特别"作风，这些都是地矿文化的鲜明要素，被奉为"地质之魂"，也成了地质工作者家庭的优秀文化基因。

省地矿局党委把家庭作为拒腐防变的重要阵地来抓。2006 年以来，从机关开始，2008 年逐步延伸到局属各单位，坚持每年组织领导干部家属集体座谈交流，由纪委书记亲自上廉政教育课，从正反两个方面，讲传统文化、讲身边人身边事，讲先进典型，讲腐败案例，分析违法违纪原因，教育干部家属深刻认识腐败问题给家庭幸福带来的严重危害。一方面引导干部家属知廉守廉，不贪不占，激发正能量；另一方面提出廉洁从政的纪律要求，增强监督防范意识，教授防范方法，吹好枕边风，当好廉内助，做好永远在任、无处不在的家庭"纪委书记"。同时在单位开展的各项活动，也积极鼓励干部家属参加，加强同干部家属的联系和沟通，把干部的八小时之外情况掌握起来。积极开展建言献策活动，征求干部家属对进一步加强队伍建设，尤其是在"八小时之外"对干部的监督管理方面的意见建议，为构建单位、家庭共同反腐倡廉网络建言献策，大力营造家庭温馨和谐和积极向上的氛围和生态。

2 着力维系一条助廉"亲情纽带"

以家庭为承载的亲情关系是一个人成长成才的重要依托，也是我国传统文化传承延续的重要内容，每个人自一出生就在亲情网中存在。但是，亲情有时也是一把双刃剑，而且是隐形利剑，既能发挥对干部正面激励作用，也会出现反向牵引力量。近年来，一些腐败案件呈现"贪腐亲兄弟、寻租父子兵""一荣俱荣、一损俱损"的家族式特征，苏荣、令计划、刘铁男等都是如此，其中一个重要原因就是亲情的反向牵引。所以，维系一条助廉"亲情纽带"对于加强党风廉政建设，筑牢干部拒腐防变内心堤坝尤为重要。

2015年地矿局党委在全局创新开展了"亲人寄语促廉政"活动，由单位党委以公开信的形式，邀请干部家属写下对干部本人的廉政期望寄语，并把家属亲手书写的寄语和全家福照片一起制作成桌牌，摆放在办公桌的显著位置。抬眼看到熟悉的字迹、亲切的话语、团圆的场景，随时警醒干部，"家人与你在一起"。要善待手中的权力，珍惜来之不易的成绩，保持勤政廉政，守护家庭幸福。该项活动在地矿系统24个局属单位广泛开展，活动范围覆盖了局机关全体人员、局属单位中层以上干部和重点岗位工作人员，共1300余人参与。很多单位的公开信言辞恳切感人，信中向干部家属介绍了地矿经济发展情况，说明了地矿工作的重要地位和艰苦条件，感谢家属对我们的干部投身地矿工作的理解、关心、支持和付出，并期望干部家庭能够继续支持和参与廉政建设，与单位共同努力，帮助干部抵御诱惑和侵蚀。廉政亲人寄语也是丰富多彩，虽然只言片语，但是对干部的触动引导作用巨大。有携手半生的老夫妻写道"管住自己，才能打理好人生""守心如莲，香远益清，你若安好，家便晴天""为单位尽力，为家庭尽责"；有年轻小夫妻写道"平凡的日子我愿和你度过，但求清白做人，问心无愧""做宅男，少应酬""待遇要知足，工作不满足""真情真爱在，世间幸福长"；还有年幼子女写道"爸爸早点回家""做我的好榜样"。这些话语内容朴实，感情真挚，既提醒干部廉洁从政、勤恳工作，激励干部家庭参与廉政建设，监督和促使领导干部廉洁自律，帮助干部抵御诱惑和侵蚀，打造拒腐防变的家庭防线。同时，也丰富了我局的廉政文化内涵，收到了非常好的效果，省妇联、省直机关工委工会到现场调研。此外，还有些局属单位通过发放家庭助廉倡议书，倡导弘扬"以廉为荣、以贪为耻"的传统美德，在家庭成员中自觉增强尊廉、崇廉、思廉、守廉的良好氛围和拒腐防变的意识，堂堂正正做人、清清白白做事。

地矿工作性质使然，大多数干部职工常年在偏远一线，远离家人，远离繁华，联系只能通过电话，有时甚至打电话还要跑到几千米外的山顶才有信号。野外作业是艰苦的，比艰苦更难以忍受的是孤寂、是对家人的牵挂，新疆、青海、内蒙古、西藏及非洲、南美等工地，一去就是半年以上。亲字的繁体字右边还有一个见字，这就告诉我们只有常见才会亲，省地矿局倡树"亲人在哪，家就在哪"的理念，所属的单位普遍开展了组织干部职工家属"探班"活动。让他们的家属，有的是妻子儿女，有的是父母长辈，专程到项目工地实地去看望，让家属亲眼看一看亲人每天工作的场所和工作的内容，增进了解、理解和那种沁入心脾的关爱体谅。这一活动的成效非常明显，对干部职工的感情激励和亲情关怀胜过一切奖励。反过来，家庭成员的探望，也促使单位加强工地标准化建设和文明工地建设，让我们的干部职工更有尊严的工作生活。中国妇女报、中国国土资源报到内蒙古工地进行了实地采访报道。此外，许多单位把走访野外干部职工家庭、关心他们的后方疾苦作为一项制度来坚持，建立了野外干部职工关心慰问制度，遇老人和家属生病住院、子女考学、婚丧嫁娶等事项，单位都组织探望慰问，让干部职工及其家属充分感受到地矿这个大家庭的温暖，从而增强了爱岗敬业、勤奋工作的动力。

3 家庭助廉建设让干部"不想腐"见到实效

党的十八大以来，中央关于加强党风廉政建设和反腐败斗争的总要求就是要建立和形成不敢腐、不能腐、不想腐的有效机制。不敢不能不想这有序递进的 3 个阶段，共同构成廉洁勤政机制建设的有机整体。如何贯彻落实到具体实践中，不敢要靠惩戒约束，形成不敢腐的惩戒机制；不能要靠制度约束，形成不能腐的防范机制；不想要靠心理约束，形成不易腐的保障机制。我局实践证明，倡导和推行家庭助廉就是不想腐最有效的保障机制之一。

低成本见到了大产出。开展家庭助廉，投入的是情感，维系的是亲情纽带，但是换来的却是廉洁高效的行政资源。廉政七笔账，其中之一就是家庭账，算清家庭账，过好亲情关，对干部不是约束，而是保护，对家人和亲人同样也是教育。2013 年以来，全局经济发展保持全国地矿系统领先行列，全局 14000 多人，未发生因贪污腐败依法依纪处理的事件，绝大多数干部经受住了考验。同时我们也清醒地认识到，我们的二级实体还存在薄弱环节，个别年轻经营负责人，防范意识不强，存在违纪行为，我们及时问责处理，还利用这些身边的反面典型，作为开展家庭助廉教育的重要内容，让大家引以为戒，同样发挥了非常好的成效。

一根棒撬动了大廉政。习近平总书记在今年初召开的十八届中央纪委六次全会上强调："抓作风建设要返璞归真、固本培元，在加强党性修养的同时，弘扬中华优秀传统文化。领导干部要把家风建设摆在重要位置，廉洁修身、廉洁齐家。"家庭助廉只是推动反腐倡廉建设的一种手段和途径，但是它直指本源，从要害处着手，对大廉政建设具有举足轻重的作用。

家事清带来了公事净。通过家庭助廉，干部在家庭得到都是激浊扬清的正能量，让干部全身心投入工作。有干部讲到，回家听家里的纪委书记讲讲，听孩子说说，比单位学的条条框框还管用。

以上这些工作非常平凡普通，没有华丽的外表，也没有多高的层次，有些还需要进一步完善提升，但是取得的成效、带来的触动却是入脑入心、入情入理的。这给我们的启示是，重视和发挥家庭在廉政建设中的重要阵地作用，让家人都参与到廉政文化建设中来，倡树家庭廉政文化，从内心唤起廉洁勤政的"自觉"，能更好地约束自我、示范他人，初步形成单位的一种风气。

浅议如何开展新时期地质廉政文化建设

滕 睿 王福杰

（中国地质调查局沈阳地质调查中心 沈阳 110034）

摘 要： 从地质廉政文化的科学内涵入手，探索开展新时期地质廉政文化建设的有效途径和方法。

关键词： 新时期；地质工作；廉政文化

党的十八大以来，以习近平总书记为核心的党中央高度重视、全面推进党风廉政建设和反腐败斗争，把纪律和规矩挺在前面，驰而不息"纠正"四风，保持反腐败高压态势不放松，先后出台了一系列党风廉政建设的重要规定，开启了党风廉政建设和反腐败斗争的新征程。

1 开展新时期地质廉政文化建设的重要意义

新时期的地质工作，面临着新的机遇与挑战。为传承地质行业优良传统，弘扬地质工作者"三光荣"、"四特别"精神，中国地质调查局党组在迈入新的百年之际，提出了新时期地质工作者核心价值观"责任、创新、合作、奉献、清廉"。"清廉"是地质调查事业成功的保障，着力加强廉政文化建设，对于新时期地质工作者深刻把握中央对党风廉政建设和反腐败形势，准确把握国土资源部和中国地质调查局党组关于党风廉政建设和反腐败斗争工作的基本要求，牢固树立党章党规党纪意识，不断形成有利于反腐倡廉建设的思想观念、文化氛围，提高党员干部思想政治素质、深入推进反腐倡廉工作等方面具有十分重要的意义。

2 新时期地质廉政文化的科学内涵

地质文化是以国家地质工作为背景，以地质科学为内涵，以全国地质行业职工群众为重点，并面向全社会公众传播，以推动地质事业发展为基础，以培育人与自然和谐发展的价值理念为根本，具有鲜明的行业特色、时代特征、实践特点的一种社会形态，它始终与国家地质事业发展相生相伴，与社会公众生活息息相关，是社会主义先进文化和地质事业的重要组成部分。简而言之，地质文化就是地质精神，是我们常说的"三光荣"、"四特别"精神。

地质廉政文化是一种具有地质行业特色的与中华民族优秀文化相承接、与时代精神相统一的文化形式，它是社会主义廉政文化在地质事业的发展和延续，为地质行业不断加强党风廉政建设和反腐败工作提供精神支持和思想保证。地质廉政文化是地质行业党风廉政建设的重要组成部分，是地质行业廉洁从政行为在文化和观念上的客观反映，是地质行业干部职工关于廉政的价值取向、思想观念、行为准则的总和，是地质事业和地质文化的重要组成部分，形成于特定的地质行业背景，与地质事业的发展紧密相关。

3 如何开展好新时期地质廉政文化建设

3.1 加强反腐倡廉宣传教育，提高群体廉洁自律意识

一是在组织实施上，可以把反腐倡廉宣传教育纳入单位年度宣传教育计划，针对每年工作目标任务，提出加强廉政建设工作新要求，作为中心组理论学习、干部职工教育培训的重要内容，与党员学习活动、单位文化建设、业务工作开展等方面紧密结合，形成顶层谋划、以上率下和全体职工积极参与、共同推动反腐倡廉宣传教育的工作格局，营造始终要保持自警、自醒、自律的群体廉洁意识。

二是在教育内容上，应该以学习中央、部、局领导讲话精神和《党章》《中国共产党廉洁自律准则》《中国共产党纪律处分条例》《习近平关于严明党的纪律和规矩论述摘编》和《国土资源部党风廉政教育简本》《中国地质调查局领导干部廉洁自律手册》（红皮书）《反腐倡廉应知应会读本》等学习内容为重点，不断增强党员干部守纪律讲规矩的思想自觉和行动自觉。在开展以坚定理想信念为重点的思想政治教育的同时，着力抓好以党纪条规、财经法规、遵纪守法为主要内容的纪律教育，从政治要求和纪律约束两个层面构筑拒腐防变思想防线。

三是在教育对象上，要以抓好全体职工普遍教育为基础，以党员领导干部和重要部门、关键岗位的人员为重点，以规范权力运行、规范经济行为、规范管理程序为主要内容，不断增强反腐倡廉教育的针对性和实效性。通过法律法规、规章制度的宣传培训，使大家接受财务法规及财经纪律的教育，以先进典型、腐败案例为主要内容的示范教育和警示教育，切实提高全体职工尤其是干部遵守财经纪律的思想意识，做到学法、知法、守法。

四是在教育形式上，力争丰富多彩，富于创新。第一，延伸传统教育。如集中培训、专题讲座、组织参观、知识竞赛、展板橱窗等。第二，拓展现代教育。利用书刊资料、影视录像、网络宣传、电子屏幕等。第三，突出主题实践活动，使广大干部职工风险防范意识不断增强，廉洁自律的自觉意识不断提高。结合"两学一做"教育活动，激励全体职工继承和发扬地质工作者优良传统，立足本职岗位，不断进取；增强党员领导干部的党性观念，牢记"两个务必"，提高廉洁自律能力，更好的发挥先锋模范作用。

3.2 广泛开展廉政文化活动，弘扬新时期地质工作者核心价值观

一是结合地质调查工作特点，将弘扬"三光荣"、"四特别"精神为核心的地质文化建设与"责任、创新、合作、奉献、清廉"为主题的新时期地质工作者核心价值观相融合，学习老一辈地质工作者的爱国主义、忘我拼搏、艰苦奋斗、科学求实的"铁人精神"，学习新时期青藏高原地质理论创新与找矿重大突破团队不畏困难、坚持创新、追求卓越和廉政敬业的"青藏精神"，传播正能量，传承地质行业优良传统。通过先进典型的引领，宣传无私奉献和勤政廉洁的思想境界，营造风清气正的文化环境。

二是在各项工作推进过程中牢固树立廉政理念。把廉政文化建设融入党的组织建设、人才队伍建设以及业务工作中去，培育作风正派、秉公用权、廉洁从政的领导班子和干部群体，培育全体职工遵纪守法和反腐倡廉的工作理念。借助新时期网络平台，把地质廉政文化建设的新要求、新情况、新进展及时传递给野外一线地质工作者。紧密结合党的学习教育活动，借助文化传播力量，广泛开展读廉政书、看廉政片等一系列寓教于乐的廉政文化活动，促进地质找矿、科技创新等业务工作的开展。

三是组织开展"读书思廉"等多种形式廉政文化创建活动。在积极参加上级单位组织的廉政文化活动同时，开展形式多样的自主廉政文化活动。不定期购买廉政书籍，把廉政书籍发到领导干部手中，努力营造读书明志、读书修德、读书倡廉的良好氛围。组织观看廉政教育优秀影片等，提高领导干部的政治品质和道德品行。在全体职工范围内征集廉政格言警句、书法漫画等作品，在单位文化橱窗、网站专栏等宣传平台进行展示，调动广大干部职工参与廉政宣传教育的积极性，使干部职工在喜闻乐见的活动中陶冶了情操。

四是注重进行正面典型引导和反面警示教育。学习廉政新规定廉政专项法规教育，传达中央反腐倡廉新要求、新进展，学习优秀共产党员先进事迹等正面典型，增强党员干部自重、自警、自省、自励意识，形成学廉、思廉、崇廉的良好氛围，营造"廉荣贪耻"的良好风尚，形成知荣辱、讲正气、促和谐的良好风气。学习近期发生的违纪违法案件通报文件等，加强对党员干部的警示教育，用身边的事教育身边的人，通过案例剖析，对照检查，引以为戒，提高风险防范意识，做到警钟长鸣，筑牢思想防线。

百年回首，当前地质廉政文化建设应当紧密结合党的"学党章党规，学系列讲话，做合格共产党员"学习教育活动，深入开展党风廉政教育，感受地质文化精神，以新时期地质工作者核心价值观为引领，弘扬地质工作者"三光荣"、"四特别"精神，从地质文化、地质廉政文化深层次根源中去汲取养分，营造浓厚的公私分明、廉荣贪耻的清廉文化氛围，使地质廉政文化、地质文化转化为地质工作者巨大的精神动力，为中国地质调查事业的健康发展保驾护航。

作者简介：滕睿（1981—），女，中国地质调查局沈阳地质调查中心，通信地址 辽宁省沈阳市皇姑区黄河北大街280号

沧桑百年，地调机构的"变"与"不变"

臧小鹏[1]　王　浦[2]　周进生[3]

（1. 中国地质调查局地学文献中心　北京　100083；

2. 中国地质调查局国土资源航空物探遥感中心　北京　100083；

3. 中国地质大学（北京）　北京　100083）

摘　要：欲知大道，必先为史。若要了解社会、行业发展规律，就务必要对过去的发展情况有深入的了解。地质行业作为国民经济的先导，在过去 100 年内与国家命运紧密的联结在一起。通过回溯百年来地调机构的发展历史，缅怀老一辈地质人所做出的巨大贡献，学习他们无私奉献、服务国家、服务大局的高尚情操，继承和发扬先辈们的优良传统，为新时期我国地质事业的发展提供强大的精神动力。

关键词：地调机构；地质事业；地质精神

1　民国时期的"变"

1.1　地质调查所"开天辟地"

漫漫的历史长河中，地调机构独树一帜，源远流长。1916 年，老一辈地质学家章鸿钊、丁文江、翁文灏等人创建地质调查所（简称"地调所"），是中国近代最早、规模最大的地质科学研究与教育的机构。而正是地调所的成立，吸引了诸如叶良辅、谢家荣等一批地质人才，从零开拓我国地质事业。从这时候起，中国有了自己的地质专业队伍并开始开展实际工作。他们在河北、山东等地测制地质图，开始了中国最早的岩石、矿物和古生物的调查工作，结束了依靠外国人在中国从事地质调查和研究的局面。在 20 世纪 20—30 年代，是地调所的重要发展时期。在翁文灏、黄汲清、尹赞勋和李春昱等历任所长的领导下，地调所先后建立了古生物研究室、新生代研究室、沁园燃料研究室、矿物岩石研究室、地震研究室和土壤研究室等。在他们的带领下，涌现出一批不同学术领域的专家，例如地质学家李春昱、地层古生物学家尹赞勋、岩石矿物学家程裕琪、测绘专家曾世英、古脊椎动物专家杨钟健、地震专家李善邦、土壤专家熊毅等等。很长一段时间以来，这些人都是我国科学界的重要领头人，为我国地质科学以及与相关学科的建设和发展做出了重大贡献；所取得的成就在地调历史中留下了辉煌的一页。1935 年，地调所从北平的丰盛胡同迁到南京，部分留下来的人员成立了北平分所。"七七事变"后，分所工作停顿，在南京的本所继续开展工作，其机构日趋完整，科研人员也在不断充实和加强。抗战全面爆发后，地调所辗转至四川北碚，为了与省地调所相区别，1941年正式将其定名为中央地质调查所。在抗日战争的艰苦环境中，地调所仍在大后方不间断地作了大量的地质工作。如杨钟健在云南禄丰发掘出的恐龙——禄丰龙；许德佑、陈康等人在西南地区三叠系的研究；王曰伦等在云贵两地发现的磷矿；谢家荣发现的淮南八公山煤田等，都是在这期间做出的重要贡献。抗战胜利后，中央地调所又迁回南京。新中国成立后，地调所与原中央研究院地质研究所（成立于1936年）等成为新中国地质事业的奠基单位。

1.2 地质研究所"专攻"学科问题

1928年1月，中央研究院设地质研究所筹备委员会。后在李四光的领导下于上海成立了地质研究所。李四光任所长期间，提出了"本所的研究工作，应特别注重讨论地质学上之重要理论，目的在解决地质学上之专门问题，而不以获得及鉴别资料为满足"的工作方向。在他的领导下，地质研究所后期培养出了一批优秀的地质学家。在他的带领下，地质研究所在地质力学、构造地质、矿床地质和地层古生物等方面都取得大量研究成果，在国内外享有很高的声誉。抗战期间，地质研究所辗转长沙、桂林、良丰、贵阳、重庆等地，在此存亡之秋，依然在我国首次发现铀矿物。特别是1939年李四光所著《中国地质学》、1947年《冰期之庐山》两部代表作的问世，标志着以李四光为首的地质力学及中国东部第四纪冰川学派开始形成，颠覆了"洋权威"所提出"中国没有第四纪冰川"的论断。

1.3 矿产勘测处"学理与应用"并重

矿产勘测处成立于1940年10月，起初的主要工作范围是在我国的云南、贵州、四川三省，1942年后成了全国性的勘查机构，其主要任务有二：一是区域地质调查，二是搜集有关矿产的地质资料，不断运用地质理论服务于找矿事业。在以谢家荣为主要负责人的领导下，运用地质理论服务找矿勘探事业，在大南方发现了若干新矿床，如福建漳浦三水铝土矿，安徽凤台磷矿，南京楼被山铅锌矿等，对于解决南方缺煤问题，起到了重要的作用。

2 新中国成立后的"变"

2.1 "一局两所"引领发展

1949年中华人民共和国建立后，我国地质工作亟须恢复与发展，原有的机构格局以及制度缺陷也日渐突出，为了破除新中国成立前地调机构遗留的分割局面，实现中国地质学界的统一与团结。针对这些问题，中央政府在建国初期进行了较大的调整。1950年5

月 7 日，周恩来总理到李四光住处接见他，总理要求"把组织全国地质工作者为国家建设服务的主要责任担负起来"。1950 年 8 月 25 日，政务院第 47 次会议通过李四光提出的关于组织全国地质工作，成立中国地质工作计划指导委员会和中国科学院地质研究所、中国科学院古生物研究所、矿产地质勘探局（简称"一局两所"）。1950 年 11 月 27 日，为了统一对全国地质工作机构的管理和力量的组织，加强中国地质工作计划指导委员会的管理职能。陈云、郭沫若联名发出了财经总字第 1059 号《关于地质工作及其领导关系的决定》：地质工作计划指导委员会应为地质工作的统一领导机关。现有地质机构，包括地质调查勘探机构，地质研究机构，古生物研究机构，及其人员的配备调度，一律由中国地质工作计划指导委员会负责。同时，全国地质机构合并、调整，地质调查所改名为南京地质陈列馆，馆内新建了我国第一个宝石矿陈列室，是我国第一个以地质矿产为主要内容的专业陈列馆。在此基础上，1952 年成立中华人民共和国地质部，统一领导新中国的地质事业。1956 年 1 月，在中央政府的协助下，北京建立地质博物馆、地质资料馆，1956 年 4 月，周恩来总理批准建立"全国地质图书馆"，并新建图书馆楼。至此，我国地质机构从上级主管单位，到下级科研机构的规模初步形成。

2.2 在"曲折"中前行

进入"文革"时期，1969 年 4 月，地质部将直属领导的 26 个省（区、市）地质局及所属队伍 17 万人下放省（区、市）革委会，实行以地方为主的双重领导。1970 年 6 月 22 日，中共中央批准国务院《关于国务院各部门建立党的核心小组和革命委员会的请示报告》称："建立国家计划革命委员会，由国家计划委员会、国家经济委员会、国务院工业交通办公室、全国物价委员会、物资部、地质部、劳动部、国家统计局、中央安置小组办公室 9 个单位合并组成"。1975 年 9 月 30 日，国务院《关于调整国务院直属机构的通知》决定"增设国家地质总局"，孙大光任总局局长。1977 年国家地质总局从国家计划委员会革命委员会调出，直属于国务院。

"文革"结束后，地勘行业长期以来形成的资金供需矛盾突出、队伍过大，机制过死的问题逐步暴露出来。地质工作形成自我体系，与国民经济和社会发展结合不紧密，行政主管部门对地勘单位通得过多、管得过死；部门林立，机构重叠设置，资料互相封锁；科研、教育与地质勘查结合不紧密，互相脱节，旧体制严重束缚我国地质事业的开拓和发展。

2.3 顺改革之势，顾服务大局

在党的十一届三中全会后不久，孙大光立即主持召开了国家地质总局党组扩大会议，他特别强调拨乱反正和安定团结的重大意义。他主持地质总局对长期以来存在于地质系统中的错误观念和口号进行了一次较为彻底的清理。1979 年 3 月 29 日，国家地质总局党组根据中央确定的原则和代表们的要求，报请国家计委并转报中央，撤销了国家计委地质局 1970 年初发的 75 号文件—《抓革命促生产会议纪要》，（它否定了"文化大革命前"17 年的地质工作的巨大成绩，以批判"专家路线"，否定了地质部门的基本职能），在地矿工作中恢复了实事求是的思想路线。1979年初，国家地质总局确定了"以地质－找矿为中心"的工作总方针，停止"以阶级斗争为纲"，顺利实现了地质部门的工作重点转移的同时，提出要防止"以钻探为纲"和"以矿产储量为纲"的片面性，从内部关系和业务政策上加强了基础地质工作。1979年9月13日，五届全国人大十一次会议上，余秋里副总理代表国务院向会议作了关于恢复地质部的说明。将国家地质总局改为地质部，并恢复了各省（区、市）地质局和各工业部门的政府机构。1982年5月，五届人大常委会第23次会议通过决议，将地质部更名为地质矿产部，综合管理全国地质与矿产资源工作，主管全国地质勘查行业，增加矿产资源开发管理监督的职能。

1981年初，全国地质局长会议提出：对于现有的地质资料要充分利用，同时还要主动摸索，扩大地质工作的服务领域。1984年10月的中共十三届三中全会上，提出我国有计划的开展商品经济（建立和调整规则）。同年，地质矿产部提出，未来地质勘查成果、地勘单位、地质队伍要进行大刀阔斧的改革，逐步向商品化、企业化、社会化迈进。1985年9月，中国地质技术经济及管理现代化研究会学术年会提出把开辟地质市场作为地质工作改革突破口的主张，写进了当时正在起草中的《地质工作体制改革总体构想纲要》。1986年万里同志在全国地矿局长会议上作了《扩大服务领域与推进地矿工作体制改革》的重要讲话，提出要扩大地质工作的探索范围和服务领域，以满足国家和地方对地质工作的愈来愈多的需求。

1993年，党的十四届三中全会以后，地质工作改革和发展的步伐进一步加快，出台了一系列重大措施，为建立适应市场经济需要的地质工作新体制打下了基础，为地质工作融入社会经济建设提供了机遇。朱镕基总理在1994年9月听取地矿部汇报时批示："地质队伍要逐步划分为'野战军'和'地方部队'，'野战军'吃中央财政，精兵加现代化设备，承担国家战略任务；'地方部队'要搞多种经营，分流人员，逐步走向企业化"。

1999年4月30日，《国务院办公厅关于印发地质勘查队伍管理体制改革方案的通知》（国办发〔1999〕37号）规定：地质勘查单位实行企业化过程中，要将从事资料信息、图书档案、博物展览、环境与灾害监测等公益性工作的单位划出来，继续作为国土资源管理的事业单位，由省级人民政府国土资源主管部门管理。同年，中国地质调查局成立，作为国土资源部直属的副部级事业单位，根据国家国土资源调查规划，负责统一部署和组织实施国家基础性、公益性、战略性地质和矿产勘查工作，为国民经济和社会发展提供地质基础信息资料，并向社会提供公益性服务。

2001年11月，温家宝副总理指出：中国地质调查局的组建工作已经落实，标志着"地质野战军"的建设进入实施阶段。要根据中央的要求，适应新的形势，积极推进地质工作的根本转变，使地质工作更加紧密地与国民经济与社会发展相结合，更加主动地为经济与社会发展服务。在新时期、新的时代背景下，2002年7月我国成立了国土资源实物地质资料中心（中国地质调查局实物地质资料中心），它是国家级实物地质资料馆藏管理机构，是中国地质调查局直属事业单位，其前身为地质矿产部562综合地质大队，承担国家重要实物地质资料采集、管理、开发研究和利用，为政府主管部门提供决策与业务技术支撑，向社会提供公益性服务，地调机构对社会化服务体系已相对完整的建立了起来。

3 初心"不变",方得始终

凡是过去,皆为序章。通过追溯百年地质调查机构的发展历史,不难发现:地质事业始终与国家命运紧密联系在一起,无论是新民主主义革命时期、抗日战争时期,还是在新中国成立后社会主义的建设过程中,一代代地质人通过自己的实际行动为国家独立、民族富强贡献着自己的力量,并在这一过程中逐渐形成了"地质事业为荣、以找矿立功为荣、以艰苦奋斗为荣"的"三光荣"精神和"特别能吃苦、特别能战斗、特别能奉献、特别能忍耐"的"四特别"精神。正是这些精神食粮哺育着一代又一代地质人,在国家最需要的时刻挺身而出,义无反顾。无论是近年来在"一带一路"的建设中,还是在今日受洪涝影响的受灾地区,都能看到我们地质人的身影,他们在用实际行动践行着新时期地质工作者核心价值观,为祖国繁荣稳定默默地贡献着自己的力量。

不忘初心、继续前进,要继续坚定地忠于党的地质调查事业,继续弘扬优良传统,积极践行新时期地质工作者核心价值观。通过铭记前人所走过的道路,来追溯我们最初的梦想,永葆奋斗精神,永怀赤子之心,在新的征程上谱写新的篇章!

参 考 文 献

中华人民共和国国务院. 1970 – 06 – 22.关于国务院各部门建立党的核心小组和革命委员会的请示报告[Z].

中华人民共和国国务院. 1975 – 09 – 30.关于调整国务院直属机构的通知[Z].

中华人民共和国国务院. 1999 – 4 – 30.国务院办公厅关于印发地质勘查队伍管理体制改革方案的通知[Z].

中国科普博览. 2016 – 07 – 1.中国最早的地质科学研究机构[EB/OL]. http://www.kepu.net.cn/gb/earth/terra/terra_fresh/200311250010.html.

张以诚. 2003. 各具特色比翼飞——漫话1949年前全国三大地质机构[J]. 国土资源, 06: 47 ~ 49.

聂焘. 2015.中央研究院地质研究所与抗战之关系研究[D].南京:南京师范大学.

陈梦熊. 2002.20世纪50年代初全国地质机构的一次大调整、大变动[J].中国科技史料, 04: 45 ~ 47.

朱训,等. 2003.中华人民共和国地质矿产史(1949—2000)[M].北京:地质出版社, 6 ~ 150.

摒弃浮华，回归本色

——河北地质大学侧记兼论新时期地质精神的传承与创新

李华中　段亚敏

（河北地质大学　河北　石家庄　050031）

摘　要： 河北地质大学是原地质部直属院校，在学校发展过程中传承了地质"三光荣"精神，为地质行业培养了大量的人才，并且孕育了精深的地质文化和地质精神。进入21世纪，地质行业发展的环境已经发生了巨大的变化，新时期也必须传承、创新地质精神，从爱国主义内涵的充实、艰苦奋斗精神的坚守、创新文化的建设以及可持续发展理念的构建着手，丰富地质精神内涵，为学校和地质行业发展奠定坚实基础。

关键词： 地质精神；传承；创新

河北地质大学前身是1953年建立的地质部宣化地质学校，是新中国成立后最早成立的直属地质部领导的6所中等地质学校之一，宣化地质学校的建立是我国新中国成立之初经济基础薄弱、工业经济发展对矿物质的大量需求为背景的，而宣化地质学校也很好地完成了自己的使命，为地矿事业发展和社会主义建设培养了大量的人才。1971年，宣化地质学校升格为本科院校，校名也更改为河北地质学院，河北地质学院时期，学校在学科专业建设、办学层次、科研和学术梯队建设等方面取得了长足的发展，初步形成了工、管、经为核心的学科体系，实现了本、专、双学位、继续教育、研究生联合培养等多层次的办学层次，培养了一大批学术骨干和优秀毕业生，为地矿行业发展与国家经济建设做出了卓越贡献。1995年，学校迁址石家庄，并更换校名为石家庄经济学院，逐步建成为工、管、经、法、方、理多学科共同发展，以"地经渗透、工管结合"为核心的办学理念，直到2016年重新更名为河北地质大学开启崭新篇章。

河北地质大学的发展历史是一个曲折的过程：建校之初，学校秉承"以献身地质事业为荣、以找矿立功为荣、以艰苦奋斗为荣"的精神，培养出一大批吃苦耐劳、品质卓越的毕业生，为祖国的探矿、找矿事业做出了卓越的贡献，为我国经济的发展奠定了坚实的资源保障；进入20世纪90年代，伴随着地矿行业进入低谷时期，以及市场经济对个人创造财富的过度偏重的倾向，学校的发展遭遇瓶颈并趁学校迁址的时机以地质经济学科为基础更名为"经济学院"，学校的地质专业进入发展的相对迟缓期；进入21世纪后，伴随着地矿行业的又一轮蓬勃发展，学校地矿专业发展迅速，不论是学科建设、学生培养还是科研成果等方面都取得了丰硕的成果，在此期间，学校还完成了与国土资源部的共建，为学校更名大学奠定了坚实的基础。如果说更名"经济"引发大众的瞩目而风光无限，那么回归"地质"则是回归本色、回归本性、回归渊源与特色。

1 河北地质大学地质精神概述

河北地质大学发展的各个时期，即使是在地矿行业陷入低俗的时期，地质学的特色一直予以保留，地质学的教学与科研也一直持续开展，60多年的发展历程也为学校继承和发展地质精神给予了充裕的时间。60多年的传承也为河北地质大学凝练出鲜明的地质精神和地质文化。

1.1 矢志不渝的爱国情怀

河北地质大学前身是在新中国成立之初响应国家的号召而诞生的，是为国家经济建设培养勘探、开采、研究等专业技术人才而建立的。为祖国地质行业贡献青春的铮铮誓言既是学校的立身之本，同时也得到了学校培养地质人才的广泛认同。因而广大地质教师、地学人才将他们满腔的爱国热忱凝聚成对祖国山川河流、荒漠原野、大地蓝天的热爱，也就是因为有了这份浓郁的爱国热忱，他们风餐露宿、跋山涉水、不畏孤独、不惧疲惫，用坚韧的足迹丈量山河，用孤独的身影预热荒原，用不懈的执着开启地下宝库的大门。

1.2 务实勤勉的科研作风

自然是一个深奥、复杂的对象，而地质工作的研究对象更是深埋于地表之下，因而务实勤勉的科研作风和对真理的不懈追求是对地质工作者的根本要求，也是河北地质大学地质精神的根本所在。也就是在务实勤勉的科研作风下，一大批地质工作者取得了卓越的成就，如刘路教授在20世纪50年代首次发现了岩芯钻探岩石可钻性规律；杜汝霖教授在17~18亿年的古老铁矿中首次发现大量微古植物化石，改变了传统的生物成矿理论，为我国铁矿生物成矿研究提供了典型案例，杜老于1990、1991年分别被英国、美国推荐为世界性成就人物，并荣获第七次李四光地质科学奖；牛树银教授在岩石圈形成与深化研究、地幔热柱多级深化及成矿控矿构造方面取得了理论上的重大进展，在地质找矿实践中取得重要突破，等等。

1.3 砥砺奋斗的顽强作风

河北地质大学从无到有、从单一的专科培养到拥有硕、本、专协调健全培养体系的发展过程本身就是一部励志的史书，而学校发展过程的砥砺前行也铸就出地质学科砥砺奋斗的顽强作风。这种砥砺奋斗的顽强作风体现在地质工作的每个细节之中，尤其是20世纪80年代至90年代我国地矿行业发展不景气时期，大多数的地质工作者坚守岗位、以坚定的信念为依托，以顽强的作风为支柱，支撑起学校地学的发展，也将这种砥砺奋斗的精神表现得淋漓尽致。

1.4 淡泊名利的广阔胸襟

淡泊名利是中国优秀的传统文化之一，这种优秀的文化在地质工作者身上得到了极致的体现。地质行业艰苦的工作环境是超出常人想象的，而真正能甘于这种艰难困苦本身就是对自身品质的一种历练和洗涤，而这种淡泊名利的胸襟在许多学者身上都得到了很好的体现，从老一辈地质学家李四光、何长工，到河北地质大学的许多知名教授如杜汝霖、牛树银等人，他们的谦逊、谨慎和淡泊名利的胸襟令广大师生敬仰不已。

2 新时期的地质行业发展环境分析

进入 21 世纪，我国经济取得了巨大成就，但是也有越来越多的矛盾显现出来，在当前社会转型的关键时刻，各种负面的思潮对地质工作者产生了干扰，环境的变化也改变了地质工作的常态，因而，新时期传承地质精神必须以明确地质行业发展环境为前提。

1）从经济上来看，我国经济自 2011 年达到增速峰值后开始下滑而步入新常态，在经济下行压力持续增加的情况下，产业结构的优化和调整将是必然的选择道路，而地质行业已经进入调整的阵痛期。

2）从行业发展上来看，地质行业在经历了近 10 年的发展高峰期后已进入衰退阶段，仅 2014 年地勘基金整体投入较 2013 年就减少 13.95 亿元，同比下降了 18.5%，有的省级基金甚至出现了超过 50% 的下滑。

3）当今时代各种思潮和价值观的碰撞对地质工作者品质修行与地质精神的传承具有一定的影响，尤其是拜金主义、物质主义、利己主义等不良思想的大行其道，极大地影响了地质精神的发扬。

4）国外地勘市场广阔。早在 2012 年国家发改委的《"十二五"利用外资和境外投资规划》就提出了"地勘先行"、"走出去"的发展道路，而目前从全球来看，对矿产资源的整体需求继续呈现出增长的态势，因而在国内地质行业下行的情况下，转移过剩劳动力、瞄准非洲、西亚、东欧等地市场将是摆脱困境的一种有效方法。

3 新时期地质精神的传承与创新

21 世纪，国际国内经济、社会、行业等环境正在发生剧烈的变化，对地质行业而言，新时期传承、发扬、创新地质精神，是地质行业发展、国家经济建设至关重要的重大问题。新时期地质精神的传承和创新可以从以下几个方面入手：

3.1 充实爱国主义内涵

中国文化中历来有"家、国、天下"的说法，"国"也是"家"，是万千小"家"所凝聚成的"大家"。爱国也就是爱家，是爱家的升华与凝练。传承和发扬地质精神，首先需要充实爱国主义内涵，这可以从强化民族意识、坚定理想信念、明确历史使命、细化内容等方面着手。强化民族意识要注意对地质工作者加强集体意识、民族意识的教育，加强其人生观、价值观的教育；坚定理想信念即是要坚定对社会主义和共产主义理想的信心；明确历史使命即要求新时期地质工作者既要对经济发展又要对生态文明建设提供资源与措施保障；细化内容则指应当将爱国主义情怀细化到对地质工作每个细节、对祖国山河每一寸土地的热爱等。

3.2 继续保持艰苦奋斗的作风

艰苦奋斗是中华民族的传统美德，更是地质精神的核心内容之一。孟子所说"苦其心志，劳其筋骨，饿其体肤，空乏其身……"正切合于地质工作的现实情况。老一辈地质工作者在物质资源极其匮乏的情况下，不畏艰难、奋发图强，为了心中的执着和坚定的信念，吃苦耐劳、甘于奉献而不懈奋斗，为我们树立了光辉的榜样。在新时期，物质环境已经发生了翻天覆地的变化，而社会上对于物欲的追求、对于个人利益的追逐等不利的环境氛围已经对地质工作者产生了负面的影响，因而，新时期继续坚持艰苦奋斗的优良作风对于地质精神的传承、地质工作的长远发展是非常重要的。

3.3 构建创新的文化内涵

创新是民族进步的灵魂，行业发展的不竭动力，唯有创新能使地质行业永葆青春。突出创新的重要作用是驱动地质行业长效、有序发展的重要基础。而要充分发挥创新的驱动作用，就必须构建以创新文化为核心的地质精神内涵，以精神与文化为引领，带动地质行业的永续创新发展。

3.4 坚定可持续的发展理念

可持续发展是一种科学、有序、协调、长远的发展观，地质行业和地质精神的发展也必须贯彻可持续发展的理念。当前来看，经济新常态下的地质行业想要谋求可持续的发展，就必须进行规模、结构等的调整，对行业运作方式进行优化升级和改革，对行业发展进行有效的规划。

参 考 文 献

蔡桂兰. 2010. 仰望星空于寂寥脚踏实地于躬耕——北京大学地质学系百年人才培养之精神所在[J]. 北京教育, (07): 5~9.

姜大明. 2014. 大力弘扬李四光精神以科技创新驱动地质工作可持续发展[J]. 国土资源通讯,(2)：12~14.

邓艳萍. 2015. 对如何张扬地质精神的思考[J]. 企业导报,(20)：186~187.

张先余. 2013. 弘扬"三光荣"精神推动地质事业创新发展[J]. 中国国土资源经济,(10)：18~20.

张高丽. 2014. 大力弘扬李四光精神推动地质科技工作再上新台阶[J]. 国土资源通讯,(1)：5.

郝东恒. 2013. 五秩春秋[M]. 新华出版社,9.

作者简介：李华中，男，河北地质大学，讲师，通信地址：河北省石家庄市槐安东路136号河北地质大学研究生学院，邮编：050031，电话：13933877957

段亚敏，女，河北地质大学，助理研究员，通信地址：河北省石家庄市槐安东路136号河北地质大学研究生学院，邮编，050031

简析新媒体环境下地学科普工作

陈 晶

（中国地质图书馆　北京　100083）

摘　要：简要分析总结了新媒体的特点及发展趋势，在此基础上，阐述了大众获取信息的途径以及地学科普工作的发展趋势。

关键词：新媒体；地学科普；科学传播

新媒体环境下，科学传播的途径和内容都发生了巨大的变化。为了进一步理清地学科普工作的发展趋势，本文首先分析了新媒体的技术特点和传播特点，并阐述了这些特点所决定的新时期科学普及工作的发展趋势。

1　新媒体时代的特点

1.1　新媒体的概念

1967 年，美国哥伦比亚广播电视网技术研究所所长戈尔德马克在一份商品计划书中第一次提到了"新媒体"一词。1969 年，美国传播政策总统特别委员会主席罗斯托在向尼克松总统提交的报告中又多次提到了新媒体一词[1]。从此，"新媒体"在美国开始流行并很快扩展到全世界。然而，随着技术的不断进步，电视、互联网等都在某一个特定的时期成为"新媒体"的代表。立足于当下时代，世界上关于当前新媒体的定义尚没有定论，专家们也是各执一词。美国 Online 杂志对新媒体的定义："所有人对所有人进行的传播。"这一解说颇受推崇。他们认为新媒体主要体现在前所未有的互动性上。我国清华大学教授熊澄宇认为：新媒体，或称数字媒体、网络媒体，是建立在计算机信息处理技术和互联网基础之上，发挥传播功能的媒介总和[2]。

《2006—2007 中国新媒体发展研究报告》中曾经提到："新媒体是基于计算机技术、通信技术、数字广播等技术，通过互联网、无线通信网、数字广播电视网和卫星等渠道，以电脑、电视、手机、个人数字助理（PDA）、视频音乐播放器（MP4）等设备为终端的媒体。能够实现个性化、互动化、细分化的传播方式，部分新媒体在传播属性上能够实现精准投放、点对点传播，如新媒体博客、电子杂志等。"

1.2 新媒体的发展现状

据悉，截至 2015 年底，中国网民规模达 6.88 亿，手机网民规模达 6.2 亿，成为带动网民规模增长的主要力量。网站总数 423 万个，年增长 26.3%。电子商务交易额突破 20 万亿元，网络经济以 30% 以上的速度发展。互联网已经深度嵌入中国社会发展的各个层面，成为媒体深度融合的新引擎。微信及 WeChat 合并，月活跃用户数达 6.97 亿。微信凭借庞大的用户数量和会话数量，成为全球社交应用软件的领先者[3]。

1.3 新媒体的特点及发展趋势

新媒体拥有数字化、大容量、超时空、超媒体、易检索的技术特性以及即时性、交互性、去中心化、个性化、群族化和碎片化的传播特性。

随着云计算模式的不断完善，新媒体技术发展将走向云计算，内容将更多地呈现视频化、传播渠道将趋向社会化网络。最终，新媒体将进入 SoLoMo 时代（社交本地移动），即一种基于内容本地化、方式社交化、获取移动化的整合式传播。

2 新媒体与科学传播

传统的科学传播渠道主要包括广播、电视、报纸、讲座、书籍、杂志和宣传栏等，而大部分科普创作则以撰写科普文章为主。然而随着数字技术、网络技术等的迅猛发展，一系列新兴的媒体形式大量涌现，它们以互联网和卫星等为途径，以电脑、手机、数字电视等为终端，向用户提供海量的信息。《中国新媒体发展报告（2016）》的抽样调查显示，2015 年公众获取新闻内容的主要途径已经是手机，其次是电脑，然后才是报纸杂志和电视广播（图 1）。事实证明，新媒体具备的交互性与即时性、海量性与共享性、多媒体与超文本、个性化与社群化等特征使其在科学传播中占据首要地位。公众更愿意利用零碎的时间（图 2），通过新媒体来获取更多的知识和信息，并通过这个平台，更多地参与、分享与互动[4]。

近年来，科普网站、电子书刊、手机报、科学博客、科学论坛及科学类 QQ 群等如雨后春笋般涌现。1999 年中国科学院启动建设了"中国科普博览"——基于 Web 的虚拟博物馆群（http://www.kepu.net.cn），开创了国内运用网络媒体进行科学传播的先河；又如，2012 年开通的"科学视界"前沿科学新媒体服务平台（http://v.kepu.cn）旨在为用户带来多元互动的网络科普视频服务。全国各地的博物馆、天文馆、地质公园等具有科学普及属性的场所在充分利用声光电等技术手段布置实体场馆的同时，也都在利用新媒体传播技术开通了网络在线展示

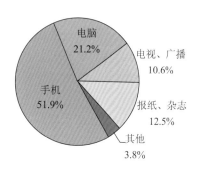

图 1　人们获取新闻内容的途径

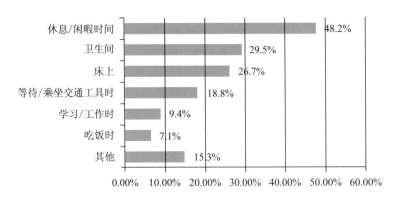

图 2　新媒体使用场景分布

平台及微信公众平台等，公众可以通过多种渠道、多种形式获取相关信息。使科技类博物馆网站的科学传播功能受到越来越多的关注，平台访问量巨大。

新媒体的飞速发展在提高科学传播速度，丰富其表现形式以及降低成本的基础上推动了科学普及工作向更深、更广地方向发展。与此同时，也给科普工作带来了一些现实问题。比如，科普网站在整个互联网中所占的比例以及互联网中铺天盖地的花边新闻、游戏广告以及真假难辨的信息等造成的科学氛围被淡化，公众兴趣被无形中转移等问题都是急需解决的。

3　新媒体环境下的地学科普工作

广义上说，地学科普涵盖了民生的方方面面。从能源资源的开发利用到环境治理、灾害防治乃至地方病防治，从百万年前的恐龙灭绝以及如今的深空深地探索到老百姓的日常饮用水问题都离不开地学知识。因此，做好地学科普工作显得尤为重要。

在地学科普方面，已有很多成功的案例可以借鉴。多年前的一部《后天》在盈利的同时也使全球的观众开始思考气候变化乃至环境污染带来的问题，一部《侏罗纪公园》带动了无数个产业的兴起。在地质公园建设方面也有欧洲地质公园网络的科普模式[5]可以参考，它以"科普"作为地学旅游的基础，使游客真正体验富有科学内涵的旅游乐趣。这些成功的尝试虽然只是采用了电视、地质公园等传统的科普形式，但是由于在科普内容和受众的感受上下足了功夫，所以取得了很好的效果，值得我们借鉴。

新媒体环境下，应该充分利用新媒体的诸多优势来开展地学科普工作。

首先，创作内容应更贴近生活。虽然，地学科学普及工作一直以来都是根据受众年龄及学历的不同分层次开展的。但在内容上应该更贴近生活，把与民生密切相关的内容提到首要位置上。加大针对地质灾害及次生灾害易发区的科普，针对矿区安全及环境治理的科普，针对饮用水安全及雾霾治理的科普等与公众生命、生活安全密切相关的知识的科学普及力度。同时，抓住每一次重大地质事件或者公众感兴趣的热点问题的最佳科学普及时机，通过多种形式全方位宣传报道，一方面要就热点事件中与公众日常生活密切相关的问题开展专家在线访谈，通过实时互动的方式吸引网民参与，普及科学知识。在热点事件发生之前或过程中，还可以利用新媒体高强的互动性向公众征求意见和建议，了解公众的愿望，调动公众积极参与到科学传播中，以达到更好地传播效果[6]。

其次，形式上力求更加生动活泼。充分发挥新媒体的优势完善地学科普类网站。充分发挥视频、动漫、3D的作用，运用三维立体技术，Flash动画技术、音频和视频合成处理技术等，解释复杂的科学原理、自然现象，把一般性的地学知识变成动感的立体画面，同时配以简单易懂的文字，直观、生动、形象地展示在公众面前，这样不仅给受众带来了视觉和听觉上的享受，也使抽象晦涩的科学知识变得通俗易懂，使用户产生更多的兴趣。同时，利用好新媒体多渠道、多终端的优势，扩大科学传播的覆盖面，针对不同人群采用不同的终端的特点，进行有效传播。

最后，构建一支技术全面的地学科普宣传队伍。其中最重要的就是具备地学专业知识的科普内容创作人才。目前，我国从事地学方面的专家很多，每年投入在地学方面的科研经费也达百亿之多，但科普转化率很低。中国地质调查局近年来已经要求各个项目在提交项目成果的同时，提交相应的科普成果或产品。如果国家层面上能针对科研经费的科普方面绩效产出出台相应的政策，要求每个科学家都能把自己掌握的知识转化为通俗易懂、大众可接受的信息，那科普工作将取得事半功倍的效果。除了地学科普专家外，还需要熟练掌握各项新媒体技术的技术型人才，以及营销创意人才等。

参 考 文 献

[1] 第八次中国公民科学素养调查结果公示. 2010 – 11 – 25. http：// news. youth. cn/kj/20101 l/t20101 125—14103 14. htm.
[2] 吴国盛. 科学走向传播. 科学中国人，2004.
[3] 唐绪军. 新媒体蓝皮书：中国新媒体发展报告 No. 7(2016). 北京：社会科学文献出版社，2016.
[4] 李慧，骆团结. 欧洲地质公园网络科普现状及其对我国的启示[J]. 资源导刊，2010(6)：35～37.
[5] 陈鹏. 新媒体环境下的科学传播新格局研究——兼析中国科学报的发展策略[D]. 合肥：中国科学技术大学，2012.

从第 47 个地球日透视地质调查科普现状

章 茵

（中国地质调查局地学文献中心　北京　100083）

摘　要： 本文通过对地质调查局属各单位在"世界地球日"期间开展的科普宣传活动进行追踪，可以了解地质调查局系统科普宣传工作的开展情况，进而掌握局属各单位科普工作的开展情况。

关键词： 地质调查；世界地球日；科普

一年一度的全球性环境保护活动盛会"世界地球日"为我国地学科普宣传搭建了广阔的平台，为广泛宣传地质调查成果提供了良好的契机。这项活动自开展以来就受到了地质调查局各单位的高度重视，利用这一宣传平台开展了形式多样、生动活泼的系列地质调查科普活动，有效地宣传了地质调查成果。

1　"世界地球日"活动的由来

二次世界大战后至 20 世纪 70 年代，美国社会摆脱了经济危机带来的影响，经济发展"黄金时代"带来了国民生产总值从 1961 年的 5233 亿美元到 1971 年的 10634 亿美元的跨越。在这期间，美国的工业生产以 18% 的速度增长。1970 年美国拥有世界煤产量的 25%，原油产量的 21%，钢产量的 25%。在经济发展，社会变迁，民众物质生活水平提高的同时，工业快速发展带来的严峻的环境问题不断凸现。"追求物质富足，经济增长和经济效益最大化压倒一切"的价值观受到了挑战。美国的民众迫切的需要提高生活质量和主观幸福，经济增长不再具有压倒一切的地位。工业发展产生的环境危机的日趋加重使美国人的环境观和环保思想发生了重大变化。1970 年的美国是个多事之秋。光纤织物被发明出来，"阿波罗 13 号"的悲剧导致登月计划失败，在南卡罗来纳州萨瓦那河附近一家核工厂发生泄漏事故，当时的美国人，终日呼吸着豪华轿车的含铅尾气。工厂肆无忌惮地排放着浓烟和污水，却从不担心会被起诉或者是受到舆论的谴责。

在这种情况下，美国民主党参议员盖洛德·尼尔森策划和发起了以环境保护为主题的校园运动，并将其发展为以环境保护为主题的全美大规模的社区性活动。1970 年 4 月 22 日，美国各地大约有 2000 万人参加了游行示威和演讲会。1 万所中小学、2000 所高等院校和 2000 个社区以及各大团体参加了"地球日"活动。美国国会在"地球日"这一天休会，近 40 名参众议员分别在当地集会上讲话。此次"地球日"活动声势浩大，被誉为二战以来美国规模最大的社会活动。这次活动催化了人类现代环境保护运动的发展，标志着美国环保运动的崛起，并促使美国政府采取了一些治理环境污染的措施。

1990 年第 20 届地球日活动的组织者希望将这一美国国内的运动向世界范围扩展。这项倡议得到了亚洲、非洲、美洲、欧洲许多国家和众多国际性组织的响应。1990 年 4 月 22 日，全世界来自 140 多个国家和地区的逾 2 亿人参与了地球日的活动，举办座谈会、游行、文化表演、清洁环境等活动，倡导"地球日"精神。以期引起政府部门更多的关注和政策的制定。

我国从 1990 年开始举行世界地球日纪念活动。活动受到了社会各界的积极响应，以国土资源部、中国地质调查局、中国地质学会等机构组织的世界地球日纪念活动已经成为地学科普的宣传品牌。

2 2016 年世界地球日科普宣传活动综述

在 2016 年 4 月 18—24 日世界地球日宣传活动周期间，中国地质调查局属各单位，紧紧围绕"节约集约利用资源、倡导绿色简约生活"这一主题，精心策划、详细部署，在全国各地开展了形式多样，内容丰富的地质调查科普宣传活动。经统计，局属 27 家单位在地球日期间与 74 家单位联合开展科普宣传活动。组织地学科普进学校、进社区宣讲 16 次；制作展板 26 套、条幅 14 个；组织科普讲座 35 次；组织各类互动活动 36 次，有 6862 人次参加活动；发放宣传资料 18 种 14750 册；开放实验室 25 家，其中国家级、部级实验室 14 家；共建设 11 个地球日网络专栏；制作《探矿工程（岩土钻掘工程）》杂志"第 47 个世界地球日"主题宣传版面 1 个。中国国土资源报、中国矿业报、河北日报、河北青年报、福建日报、长城网、青岛电视台、龙海市电视台、陕西商南县电视台等 10 余家新闻媒体对各单位的世界地球日科普宣传活动进行了报道。

3 2016 年世界地球日科普宣传活动特点

3.1 科普联动、资源共享已经成为大势所趋

局属单位组织全国 74 家单位联合开展科普宣传活动是本年度地球日宣传活动的一大亮点。国土资源科普基地和地质学会及其分会一如既往的发挥了科普主力军的作用，积极组织引导地方政府参与地球日科普宣传活动，扩大了地质调查工作的社会影响力。

3.2 科研工作者越来越重视科普宣传活动

地球日期间，"秦岭及宁东矿产资源集中开采区地质环境调查"项目组、国家 973 计划"我国富铁矿形成机制与预测研究"项目组和"吕梁山区城镇地质灾害调查项目组"主动深入社区和城镇地质灾害多发地区进行科普宣讲，公众反响良好。这说明地质调查

领域科研工作者已经意识到科普工作是开展科研工作的一大助力，这为创新地质调查科普工作打开了新的局面。

3.3 地调局各大区所更加重视科普宣传活动

地调局各大区所领导高度重视地球日科普宣传活动，发挥拥有高精尖人才和一流实验室的优势，集中力量在地球日重拳出击，树立了爱科学、重科学、重人文关怀的地质调查科普工作形象。以西安中心为例，经过周密的策划与部署，西安中心兵分五路，分别在陕西西安、紫阳、延安、商南和山西吕梁山区围绕地学知识、地质灾害防治、绿色矿山、珍惜水资源及地球气候环境等内容开展讲座、展览等活动，受到了当地群众的欢迎。

4 2016 年世界地球日科普宣传活动不足

1）网络宣传不到位。仅有 8 家单位，建设了网络专栏，不足 1/3。这与国家推行的科普信息化工程建设不相适应。除此之外，在利用新媒体如微信和微博方面存在严重不足。

2）对活动的报道不足。今年与活动配套的媒体宣传集中在行业内媒体和地方媒体两方面。宣传未进入主流媒体是今年宣传活动的一大缺憾。这暴露出地质调查成果的科普化宣传整体水平滞后，策划和执行力度不足。

3）宣传创新不足。各单位科普宣传还是各自为战，不能集中体现地质调查局在科学领域的研究成果。虽然部分单位之间也开展了科普联动，但是数量有限，没有营造出大声势，社会反响局限在各地。

5 结论

地球日期间开展的地质调查科普讲座、展览和科普宣传活动，大力宣传了地质调查成果、地学科学知识和地球科学人文精神，有效地提升了地质调查工作的社会影响力。同时也暴露出媒体宣传不到位、宣传创新能力亟待加强和新媒体利用率不高等问题，为此提出下述几点意见和建议，以期推动地质调查科普宣传工作取得更好的成绩。

1）加强顶层设计。建议局在每年地球日之前统一部署，明确宣传重点，运用科普联动机制，实现资源共享，加强地球日宣传的整体性。

2）加强各单位科普网络建设。建议局出台科普网络宣传管理办法，建设中国地质调查科普网络，扩大地质调查成果的宣传途径，为创建服务一流地调局添砖加瓦。

3）创新活动宣传模式。在宣传形式上，一手紧抓行业内媒体和地方媒体，另一手抓紧主流媒体的边缘宣传途径，逐步向主流媒体靠近；在宣传内容上，提升活动报道水平，提高在人民网等一线媒体的曝光率。

参 考 文 献

查尔斯·哈帕. 1998. 环境与社会——环境问题中的人文视野. 天津: 天津人民出版社, 384 – 396.

R Inglehart. 1997. Modernization and Postmodernization: Cultural, Economic, and Political Changes in 43 Societies. Princeton, New Jerseyrinceton University Press, 76.

蕾切尔·卡逊. 1997. 寂静的春天. 长春: 吉林人民出版社.

盖洛德·内尔森. 地球日的来历. [EB/OL] http://earthday. wilderness. org/history/history. pdf).

作者简介: 章茵, 女, 1975 出生, Clarion 大学图书馆学硕士, 中国地质图书馆馆员。
E – mail: 1262872727@ qq. com

浅析我国地质灾害教育现状及推进策略

李玉馨

（中国地质图书馆 北京 100083）

摘 要：近年来，我国地质灾害日益严重，造成巨大的人员伤亡和财产损失。防灾减灾势在必行，加强地质灾害教育成为防灾减灾工作的重要内容。本文旨在通过分析地质灾害教育的现状，提出相应的策略，以此推进地质灾害教育的发展。

关键词：地质灾害教育；现状；策略

地质灾害是指由于地质作用（自然的、人为的或综合的）使地质环境产生突发的或累进的破坏，并造成人类生命财产损失的现象或事件；如滑坡、泥石流、地裂缝、地面沉降、地面塌陷、水土流失、土地沙漠化、土壤盐碱化，以及地震、火山等。近年来，全球气候变化加剧，地球进入地壳活动频繁期，加之人类对自然界资源的不正确开采与使用，对生态环境造成严重破坏，导致全球地质灾害频繁发生，日益加剧。

1 我国地质灾害的严重性

作为一个地域辽阔，经度和纬度跨度很大的国家，中国的自然地理条件十分复杂，构造运动强烈，因此自然地质灾害种类繁多、灾情十分严重。同时，中国又是一个发展中国家，经济发展对资源开发的依赖程度相对较高，大规模的资源开发和工程建设以及对地质环境保护重视不够，人为地诱发了很多地质灾害，使中国成为世界上地质灾害最为严重的国家之一。

东部地区的地质灾害以地面沉降为主，全国共有上海、天津等 46 座大中城市出现严重的地面沉降；华北、华南地区地面塌陷十分严重，全国岩溶塌陷总数近 3000 处，塌陷坑 3 万多个，塌陷面积 300 多平方千米，采空塌陷面积 1000 多平方千米。西部地区的地质灾害，一类是以崩塌、滑坡、泥石流为主，全国有 350 多个县的上万个村庄、100 多座大型工厂、55 座大型矿山、3000 多千米铁路线受崩塌、滑坡、泥石流的严重危害；另一类是以荒漠化、沙漠化、石漠化为主，由于气候干旱和人为因素的破坏，中国西部土地荒漠化日益加剧，目前全国共有荒漠化、沙漠化、石漠化土地 153.3 万平方千米，占国土面积的 15.9%，已超过全国耕地的总量。

中国的水土流失也十分严重，目前全国水土流失面积已达 367 万平方千米，占国土面积的 38%。很多地区水土流失仍在加剧，全国年均增加水土流失面积 1 万平方千米。水土流失造成河道、湖泊严重淤积，加剧了中下游地区洪涝灾害。黄土高原每年输入黄河的泥沙多达 16 亿吨，其中有 4 亿吨淤积在下游河道上，致使河床每 10 年淤高 1 米。目前黄河下游高出两岸农田 3～10 米，最高处已达 15 米以上，成为"地上悬河"，严重威胁着下游 25 万平方千米，1 亿人口的生命和财产安全[1]。

为了减少损失，查清我国地质灾害的发育分布规律，国土资源部从 1999 年开始，在地质灾害严重的县（市），陆续部署开展了县市地质灾害调查与区划工作。调查的重点是滑坡、崩塌、泥石流、地面沉降、地面塌陷和地裂缝等 6 种地质灾害类型。据调查数据显示，滑坡占灾害总数的 51%，崩塌占 17%，泥石流占 8%，地面塌陷占 5%，地裂缝占 3%，不稳定斜坡占 16%。可以看出，斜坡灾害（崩、滑、流、不稳定斜坡）是我国主要的地质灾害类型。

2　我国地质灾害教育的必要性

近几年来，中国发生了多次重大的地质灾害，无论是汶川地震、玉树地震、舟曲泥石流，还是不久前刚刚发生的江苏盐城龙卷风事故都给当地带来巨大的人身伤亡和财产损失，尤其是 2008 年导致无数人家破人亡、财产尽失的汶川地震，至今想起都仍心有余悸，那一幕幕惨烈的景象也已经成为脑海中永远都无法抹去的沉痛记忆。

从灾害发生情况来看，我国的地质灾害有三大特点：隐蔽性、突发性、破坏性。在地质灾害发生之前，人们往往感觉不到灾害发生的先兆，而后地质灾害突然发生，使人们措手不及，大量地毁坏建筑物、农田、工厂、公路等，造成严重的人员伤亡和经济损失。

据不完全统计，80 年代末至 90 年代初，中国每年因地质灾害造成 300 多人死亡，经济损失 100 多亿元；90 年代中期，每年造成 1000 多人死亡，经济损失高达 200 多亿元。对地质灾害灾区的社会经济发展造成广泛而深刻的影响，已经成为危害一些地区地方经济和社会发展的重要因素，甚至严重影响了中国经济社会的可持续发展。

由此看来，我国地质灾害教育已经迫在眉睫。

3　我国地质灾害教育的现状

由于近年来我国地质灾害的频繁发生，灾害教育得到了政府的高度重视，取得了一定的成绩。但是，由于种种原因，我国地质灾害教育工作还存在着一些问题，对这些问题的现状进行分析，是搞好我国灾害教育的第一步。

3.1　缺乏立法

在法制社会，政府利用法律手段推进灾害教育是现代社会的基本要求。鉴于灾害教育的交叉性、系统性，政府应当整合与灾害教育相关的法律法规，形成专门的灾害教育法，进一步明确灾害教育主体责任和权利与义务分担。然而，在当下中国，我们的灾害教育缺乏明确规定，即使有规定也是分散在其他法规之中，没有特别明确灾害教育的重要性[2]。

3.2　意识薄弱

尽管灾害给我国的财政经济和人身安全造成了严重的影响，但是我国公民对防灾减灾的意识依然相对薄弱。这其中的原因复杂多样，就本文所谈论的地质灾害而言，地质灾害的发生具有区域性特点，如北京、上海等城市不是地质灾害高发的地区，因此这类地区的居民对地质灾害的关注较少，地质灾害意识相比地质灾害高发区的居民就会有所缺乏。

3.3　重知识轻技能

在我国，无论是学校和社会，灾害教育普遍注重知识内容的传播，采取由高到低的单向传输方式，而不注重公众的参与，没有采取双向交流方式，不能激发公众主动学习、主动参与、主动探索的热情。

就学校灾害教育而言，在课堂上，涉及灾害教育的内容，教师采取的教学模式往往较为单一，以传授知识为主缺乏互动，造成学生不愿看，不愿听，更没有机会进行防灾减灾的实战演习，很难提升学生应对灾害的技能。教育部基础教育司曾与联合国儿童基金会对天津、山东、福建、河南、吉林、陕西、甘肃、四川等8省市学校灾害教育的情况展开过针对性调查，发放问卷16640份，访谈1176人。结果是38.1%的教师反馈学校从未开展过灾害预防演习活动；55.6%的中小学生从未参加过学校组织的灾害预防演习。这一调查说明我国灾害教育的知识传授多于技能培养，忽视了灾害教育的实效性[3]。

3.4　教育人才资源匮乏

由于我国地质灾害频发，因此其研究成果较为显著。但是，研究成果毕竟专业性强，非专业人士理解起来困难。开展地质灾害教育可以提高公民的灾害意识及防灾减灾技能，也是提高国民素质的一项重要举措。然而，现实是我们缺乏专门从事灾害教育的"灾害教育者"，懂得地质灾害教育的相关专业人才奇缺，且教育队伍整体素质职业化、专业化程度不高。

3.5　科普形式单一

随着科学技术广泛应用于传播手段，地质灾害的普及已经取得了一定成果。但是，我们还没有充分利用电视、网络等大众传媒开展地质灾害教育，而与地质灾害相关的教育科普场馆就更可谓是凤毛麟角[4]。

在当今这个信息化时代，大量的信息像潮水般涌入人们的生活，地质灾害教育依然面临着巨大的挑战。与趣味性较浓的人文科学相比，地质科学是一门相对比较"枯燥"而又"专业"的学科，大多数人在娱乐和科教之间，依然会倾向于娱乐。如果不采取适当的科普方式，是很难引起大众的兴趣的。

3.6 管理体制和运行机制不健全

长期以来，从地质灾害教育的制定、经费投入直至实施，都是政府主导。在公众眼里，地质灾害教育只是政府需要做的事业，全员社会参与度低。政府的职能部门和安全部门也缺乏有效的监督机制和反馈评价体系。此外，地质灾害经费不足，资源配置不合理等也是目前地质灾害教育中存在的问题。

4 我国地质灾害教育的推进策略

4.1 健全地质灾害立法，确立地质灾害教育地位

我国在以后教育法规的修改完善过程中，应该特别明确地加上灾害教育内容，更明确地强调灾害教育的重要性，这不仅关乎人的健康发展，也关乎整个家庭和社会的和谐。地质灾害频发给人民的生命财产造成重大损失，2007 年 11 月 1 日正式实施的《中华人民共和国突发事件应对法》无疑是突发事件应对中的里程碑，它的颁布实施不仅标志着我国突发事件应对工作全面纳入法制化轨道，也使我国灾害教育有了相对接近的法律，但它毕竟不是灾害教育法。在这个方面，我们应该借鉴日本的经验。在长期与灾难的斗争中，日本制定了从综合型到针对某种灾害的专门型法律法规[5]。

在地质灾害层出不穷的今天，灾害教育专法的制定需要引起政府立法部门重视，尤其要加紧起草制定地质灾害教育法，使其他法规与之相配套，从而为公民健康发展提供法律保障[6]。

4.2 培养灾害意识，有效抵御地质灾害

生于忧患，死于安乐。要想在地质灾害突袭之时，不打无准备之仗，就必须养成良好的灾害意识。在日本，几乎每个家庭都有政府发放的地震防灾手册，并且配备了一套地震应急自救包，定期检查和更换防灾包里快要过期的压缩饼干与饮料[7]。尽管现在的通讯功能越来越先进，日本的每一个家庭基本都备有一个不需要电源的老式电话，防止在灾害来临时因停电而无法与外界沟通。而且每个家庭的应急包里都有手摇充电的收音机，可以通过手摇发电的方式获得外界信息，进行自我救援[8]。特别值得学习的是，日本人每到一个陌生的环境，第一件事就是查看"避难路线示意图"熟悉逃生路线。在人们同灾害斗争的实践过程中，防与不防是截然不同的，强化人们的灾害意识，减轻因地质灾害所造成的损失和影响。

4.3 依托科普教育基地，拓展地质灾害教育

为了解决我国地质灾害教育实效性差的问题，可以建立科普教育基地，为民众提供更加直观、操作性强的地质灾害教育，为其提供全面的知识、技能训练。如，目前上海

市与地质灾害及防灾减灾相关的专业场馆主要有上海科技馆、上海市民防科普馆、上海市地震科普馆[9]。大众通过参观科普场馆，利用科普教育基地补充和完善地质灾害知识。

除了知识学习外，防灾演练则更为实际和重要，地质灾害的应对设施有待完善，避难场所的建设不可或缺。避难场所的场地要有翔实的规划，不仅仅是相关部门自身规划而已，还要充分利用宣传和演练来发挥场所的作用。另外，学校可以作为社区避难场所或者临时避难场所，加强演练，使得学校师生在灾害来临时，不仅可以进行个体的自救、互救，还可以展开学校和社区的联合互救。

4.4 充分利用大众传媒，加强地质灾害教育普及

由于地质科学的特殊性，地质灾害教育始终给大众一种"曲高和寡"的感觉，要想使媒体充分发挥宣传作用，需要精心的策划和构思。例如，与地质灾害教育相关的科普栏目内容和版面比较老化，形式和叙事方式缺乏吸引力，大众就会不喜欢看，教育自然就无法得到有效的传播。因此，涉及地质科普的栏目要增加栏目的娱乐性，以贴近生活的手法去展示地质知识的魅力，通过采取群众喜闻乐见的形式，而且最好是能以故事的形式展开，不断让大众产生惊奇与诧异感，提高他们的兴趣，从而受到启发、学到知识。同时，也可以增加网站互动功能，设立论坛，开通博客，给各方提供参与交流地质灾害的平台。

4.5 开展全民教育，整体推进地质灾害教育

地质灾害教育关系每个生命个体生存质量，学校教育是地质灾害教育的主体，它是有针对性地、系统性地对不同年龄段受教育者采取不同形式和不同内容的灾害教育。但灾害教育不仅是学校的事情，是全社会都要关注的事情。我国应尽快建立起以学校为中心，与家庭、社区相结合的地质灾害教育体系。在日常交往中，父母为孩子讲解地质灾害的危害性，强调灾害预防的重要性。同时，利用寒暑假带孩子参观各种地质灾害科普场馆，普及地质灾害知识。各社区也可以结合本社区实际，在共建共享中制定本社区的地质灾害应急预案，在日常通过举办安全知识讲座，编辑和发放《居民安全知识手册》，将地震逃生等内容，向居民普及，防患于未然。同时，辅之相关演练，如，开展防灾抗灾竞赛，使居民真正将防灾减灾知识用到生产生活中。另外，还可借鉴美国、日本等国家做法，发动社区志愿者，与社区内学校合作，组建"社区救急反应队"。一旦灾害发生后，学校、家庭和社区可以遵循已有的组织展开自救、互救，充分发挥三位一体的功能，形成既有分工又能够合作的灾害教育方式，从而整体推进地质灾害教育发展。

4.6 加强人才队伍建设，为地质灾害教育事业提供人才基础

由于灾害教育的综合性，鉴于时代与社会需求，开发地质灾害教育人力资源极其重要。国家在政策层面需要为这类人才的培养进行规划和设计，培养一批既懂教育又有灾害知识和懂得避灾技能的人才，建设一支专门的地质灾害教育人才队伍。同时，要充分挖掘现有的专业技术人才，利用他们对于地质灾害知识和技术的了解，鼓励他们服务社

会、普及灾害知识，提高公众灾害技能，减少社会不必要的灾害损失。

4.7 完善监督评价体系，规范和督促地质灾害教育发展

针对地质灾害教育而言，政府要建立灾害教育监督评价体系，对灾害教育的执行进行跟踪检查，发挥落实督促作用。在政府职能部门，如安全部门中，专门列出灾害教育管理和监督职责，督促各类单位和社区定期进行灾害教育和处置灾害的技能培训，化解和减少灾害发生。同时，政府应该牵头建立一个由官员、专家、学习主体、社区管理员等组成的综合评价体系，并进行一系列的灾害素养调查，检测教育效果，对此做出评价分析，规范和监督地质灾害教育发展[10]。

综上所述，在人类社会发展的进程中，地质灾害的发生不可避免。为了减轻灾害损失，必须实行防灾减灾教育。地质灾害教育既是知识性教育，又是技能教育。开展防灾减灾教育，增强防灾减灾意识，提高防灾减灾知识和技术水平，已经成为当前全面教育所必需的。在灾害教育中，政府要充分发挥宏观主导作用，将灾害教育作为全民的必修课，从法律、政策、监督、评价等方面推动地质灾害教育的开展。同时，利用大众传媒和灾害科普场馆，改善地质灾害教育重知识，轻技能的局面。此外，也要发挥社会作用，在涉及公共利益问题上，各类社会组织，比如学校、社区、家庭等都可以发挥己长具体实施灾害教育，并与政府有机配合，从而形成合力，共同推动全民灾害教育发展和人们安全系数与生活质量的提高。

参 考 文 献

[1] 蒋承菘. 中国地质灾害的现状与防治工作[J]. 中国地质，2000(4)：3.

[2] 蔡勤禹，高铭. 国家与社会视角下的中国灾害教育述论[J]. 东方论坛，2014(5)：48～52.

[3] 张福彦. 中学灾害教育及其校本化实施研究[D]. 长春：东北师范大学，2010.

[4] 岳静. 新时期我国科普创新研究[D]. 合肥：合肥工业大学，2010.

[5] 祁云跃，王小丁. 日本灾难教育对我国学校教育的启示[J]. 教育文化论坛，2012(1)：51.

[6] 齐秀强，屈朝霞. 大学生灾难教育的国际经验与启示[J]. 思想教育研究，2009(10)：53～54.

[7] 黄宫亮. 日本学校的防灾教育[J]. 中国民族教育，2008(9)：42～43.

[8] 邓美德. 论中国灾害教育[J]. 城市与减灾，2012(5)：3.

[9] 王景秀. 上海市中学生自然灾害意识调查研究[D]. 上海：上海师范大学，2011.

[10] 邓美德. 论中国灾害教育[J]. 城市与减灾，2012(5)：3.

作者简介：李玉馨（1988—），女，中国地质图书馆助理馆员，研究生学历，主要从事地学文化、地质科普工作

地质科学让你的生活更有内涵

黄光寿[1,2]　黄凯[3]　郭丽丽[3]

(1. 河南省地质调查院　郑州　450001;

2. 河南省城市地质工程技术研究中心　郑州　450001;

3. 河南省地矿局第五地质勘查院　郑州　450001)

1979 年秋,当我走入地矿高校的那一刻,在我的想象中,地矿人出野外是住在温暖的蒙古包内,喝着烧酒、吃着烤肉;在我的想象中,地矿人工作中是有机会走遍全国各地,品尝各种特色小吃,让味蕾得到充分享受;在我的想象中,地矿人出野外是开着越野车驰骋在茫茫草原上,释放着属于大自然的那份狂野;在我的想象中,地矿人穿着帅气拉风的冲锋衣,穿梭于崇山峻岭之间;在我的想象中,地矿人长期野外活动,拥有着强壮的体魄;在我的想象中,地矿人会见到很多稀奇的动物,并和它们成为朋友;在我的想象中,地矿人拿着单反照相机,有机会将世界美景奇观尽收眼底。

然而,当我毕业踏入这个行业之后,我才明白,事事永远不是"庸人"所预料,地矿,是一个充满内涵的行业。到了野外,住在冰冷拥挤的帐篷内,已经成了家常便饭;到了野外,喝着冰冷的凉开水,吃着冷硬的馒头难以下咽;到了野外,我们仿佛回到了封建社会,骑着牛马,跋山涉水;在野外,我们只能穿便宜的鞋子,破旧的衣服,以免鞋子磨穿、衣服划破;到了野外,睡帐篷,喝凉水,我们的胃和腰已经经不起折腾;在野外,看到棕熊、野狼我们的腿就会不听使唤;到了野外,一待就是一年,渺无人烟的那种孤寂只有把思念寄托给婵娟。

地矿啊地矿,今生今世,你给我开了多么多玩笑!追悔莫及,"浪子回头已成枉然"。但后来,我们一天一天走了过来,其实,地矿行业骗人的面具下也藏着另一面。

山上的夜格外的冷,抱团取暖,让我们的兄弟情,又深了一层;一天的工作,虽然劳累,回到基地,一边喝酒一边吃着自己亲手做的饭菜,甚是心暖!我们是找矿能手,也是大厨;骑着奔腾的骏马,跑路线、采标本,驰骋沙漠、奔腾草原,释放着地矿人心中的豪放与不羁;出野外前,母亲把我们的衣服缝的结结实实,又添了许多新棉花,穿在身上的母爱,让我们在野外不再惧怕锋利的石头和凛冽的寒风;面对着风湿和胃病,我们学会了爱护自己的身体,注意保暖、积极锻炼,到了退休年龄爬山也不输年轻人;探索地球,敬畏自然你我同是生灵,遵从生存法则,在长时间探索地球的过程中,地矿人对敬畏自然有着更深的体会;一年半载的与世隔绝,日日夜夜的牵挂思念,让我们更加珍惜拥有的爱情、亲情和友情。

地矿的内涵和韵味,细细品味是那么的绵延悠长。地矿虽和我开了那么多玩笑。但我仍是热爱地矿行业，我会用爱来对待这一生的玩笑。

学习、从业地矿行业 37 年，我对地质科学有了更深的认识。地质科学会让你的生活更有内涵。这些内涵可表现在以下方面。

1 地热资源开发利用普及资源新理念

随着经济发展和社会进步，人们在享受富裕生活的同时，对生态环境的要求也越来越高。近几年挥之不去的雾霾，已成为政府治理环境污染的一大障碍，威胁到了人民群众的身心健康。有效控制和降低雾霾不仅是人民群众的强烈意愿，也成为考验政府执政能力、建设服务型政府的重要内容。

因此，寻找其他可再生的新型清洁能源成为摆在我们面前的现实任务。

地热来自于地球内部，地核散发的热量透过地幔的高温岩浆传达至地壳形成"地热能"。常见的地热依其储存方式，可分为 3 种类型：第一种是水热型，称为热液资源，统称为地热水，指地下水在多孔性或裂隙较多的岩层中吸收地热，其所储集的热水及蒸汽，经适当提引后可为经济型替代能源，即常见的地热水、温泉，其开采历史悠久。第二种是土壤热源型，地表浅层是一个巨大的太阳能集热器，收集了 47% 的太阳能量，比人类每年利用能量的 500 倍还多。第三种是热岩型，称为干热岩资源，指浅藏在地壳表层的熔岩或尚未冷却的岩体，可以人工方法造成裂隙破碎带，再钻孔注入冷水使其加热成蒸汽和热水后将热量引出。其中第二、第三种类型不受地域、资源等限制，真正是量大面广、无处不在。这种储存于地表浅层深层、近乎无限的可再生能源，使得地热能成为清洁的可再生能源的一种形式。

地热资源是矿产资源的一部分。以往人们对地热的认识很单一，只是针对地热水。现在，我们需要很好地认识和了解地热资源——土壤热源和热岩资源。

地热是蕴藏在地球内部的一种巨大的"绿色能源宝库"，具有可持续和可再生等特点，不仅资源储量大，分布广，还是一种新型清洁能源，开发利用地热能具有良好的社会效益、环境效益，市场潜力巨大，发展前景广阔。地热是唯一不受天气、季节变化影响的能源，最大优势在于其安全性、稳定性、连续性和利用率高，具有清洁、低碳、可再生等特点。积极开发利用地热能对缓解我国能源资源压力、实现非化石能源目标、推进能源生产和消费革命、促进生态文明建设具有重要的现实意义和长远的战略意义。

按照现有开发技术的可能性，地热资源的范围一般指在地壳表层以下 10000 m 以内地层和岩石所含的热量。按照埋藏深度，200 m 以内的属于浅层地热能，称为土壤热源，温度低于 25 摄氏度。埋深 200 ~ 3000 m 的属于中层地热，温度在 65 ~ 150℃ 之间，埋深 3000 m 以上深层没有水或蒸汽的热岩体属于深层地热，温度在 150 ~ 650℃ 之间。

据测算，地下 3000 ~ 10000 m 深处干热岩资源相当于 860 万亿吨标准煤，是我国目前年度能源消耗总量的 26 万倍。最重要的是，干热岩系统的排放几乎为零，无废气和其他流体或固体废弃物，可维持对环境最低水平的影响，最大限度地缓解气候变化压力。

我国幅员辽阔，地下蕴藏的地热能极其丰富并且遍布各处，与其他几种新能源相比，其具有稳定性高、品质好、储藏量高、遍布区域广、可再生等优点，并且未被大量开发。因此，地热能开发利用逐渐成了新能源产业中最具开发潜力、最具有市场空间、最具有经济社会效益的产业。

地热能作为可再生的新型环保清洁能源，也是一种特殊矿产资源。地热资源的应用潜力巨大，随着技术进步，不断扩大使用范围，将会创造一种全新的能源利用形式，不仅可以优化能源消费结构，节约资源，而且治污减霾效果突出，环境效益十分显著。科学开发利用地热能会给人类社会发展带来巨大好处。仅从利用地热能供暖测算，若实现利用地热能供暖 $1000 \times 10^4 \ \mathrm{m}^2$，每年可节约标准煤约 $59 \times 10^4 \ \mathrm{t}$，减排二氧化碳约 $160 \times 10^4 \ \mathrm{t}$，二氧化硫约 $5000 \ \mathrm{t}$，氮氧化物约 $4900 \ \mathrm{t}$。

我国十分重视推进地热资源利用。早在 2008 年 12 月国土资源部就发出了《关于大力推进浅层地热能开发利用的通知》，指出"要加强组织领导，抓好技术培训，制定优惠政策，实行规范管理，促进浅层地热能开发利用工作健康发展。"

2010 年 4 月，中国地质调查局颁布《浅层地热能勘查评价技术规范》，明确"浅层地热能是指地表以下一定深度范围内（一般为恒温带至 200 m 埋深），温度低于 25℃，在当前技术经济条件下具备开发利用价值的地热能。浅层地热能是地热资源的一部分。"

2013 年 1 月，国家能源局、财政部、国土资源部、住房和城乡建设部联合发出《关于促进地热能开发利用的指导意见》，明确要求"大力推进地热能技术进步，积极培育地热能开发利用市场，按照技术先进、环境友好、经济可行的总体要求，全面促进地热能资源的合理有效利用。"

2014 年 6 月，国家能源局综合司、国土资源部办公厅发出《关于组织编制地热能开发利用规划的通知》，要求各地"近期地热能开发利用规划以浅层地温能供暖（制冷）、中深层地热能供暖及综合利用为主，具备高温地热资源的地区可发展地热能发电。远期发展中温地热发电和干热岩发电，并提高地热综合利用水平。"

地质科学技术是勘查开发地热资源的有力武器。

2 地质科学探测探索地球奥秘

人类生存的地球，即使人类得到惠泽，又常给人类带来灾难。认识地球，探索地球奥秘，一直是人们渴望和追求的目标。研究地球内部结构，通常有研究地面露头和进行钻孔取岩芯等直接方法，该方法在应用空间上受到了很大限制，另一种方法就是运用地球物理学的间接方法，地球物理方法在认识地球内部的历史中一直起着先导作用。揭示地球壳幔结构的地壳深部探测通常是用定量的地球物理学方法对地壳和上地幔的结构进行探测，它能给人们带来不能直接观察和测量到的地球深部的各种信息，了解和研究地壳上地幔的结构构造、物质组成，物质的物理化学性质以及热力学状态，对于研究大地构造、认识地球演化、强震分布规律和潜在震源区的定量化判别，寻找地下隐伏断裂、油气资源和成矿规律，发展地学理论都将发挥重要作用。深部地球物理探测常用的主要方法有：探测地壳上地幔速度结构的人工源地震测深，利用远震信息来获得壳幔界面分层特性的岩石圈结构探测，探测地壳上地幔电性结构的大地电磁测深，获得地热场分布的地热测量以及重磁勘探等。不同的探测方法从不同的视角来窥视地球的壳幔结构。

地质科学技术是探测探索地球奥秘的钥匙。

3　地下水资源合理利用与污染防护呼吁关注生态环境

水资源的可持续利用，是经济和社会可持续发展极为重要的保证。地下水资源是赋存于地下的宝贵自然资源，又是生态环境体系中的关键因素。我国北方地区，地下水用水量占总用水量的比重很大，部分地区达到90%以上，由于地下水开发利用方式不尽合理，导致部分地区出现比较严重的地质环境问题。近20年以来，由于气候波动明显，河系补给量减少，平原区许多河流长期断流或由常年性河流变成季节性河流，被迫大规模长期超采地下水，造成地下水位持续下降，地下水自然流场遭到破坏，地下水循环过程发生了显著变化，原有的山前平原溢出带泉水大部分干涸。地下水资源数量、质量和空间分布发生了变化，而且地下水系统的水文地质参数也发生了很大变化。因此合理开发利用地下水资源是我国实现生态文明社会可持续发展的重大战略问题之一。

地质科学是寻找地下水、开发利用地下水、地下水污染防护的主力军。

4　地质灾害防治与地质环境保护助力山区城镇建设

近年来，随着工业化与城市化的快速发展，山区城镇建设高速发展，大量人类工程活动对地质环境产生强烈扰动，诱发了大量地质灾害，造成了极其严重的损失，地质灾害已成为制约山区城镇发展的重要因素之一。尤其是在近几年发生了几次重大自然灾害后，山区灾后重建工作备受关注。在山区城镇重建、新建和扩建规划过程中，应充分考虑规划区地质灾害危险性和工程建设适宜性，加强山区城镇建设和土地规划方面的地方立法工作，进一步规范山区城镇建设。

地质灾害防治与地质环境保护是地质科学的新领域。

5　资源开发与环境保护保驾矿山生产安全

通过地质工作，查明矿区水文地质条件及矿床充水因素，预测矿坑涌水量，对矿床水资源综合利用进行评价，并指出供水方向；查明矿区工程地质条件，评价井巷围岩的岩体质量和稳固性，预测可能发生的工程地质问题；评述矿区地质环境质量，预测矿产开发可能引起的主要环境地质问题，保驾矿山生产安全。

资源开发与环境保护同样需要地质科学技术。

作者简介：黄光寿（1963—），男，高级工程师，主要从事水文地质环境地质研究。E – mail：hnzmdhgs@ sina. com

试述地质行业精神

堵海燕　杨　莉

（中国地质图书馆　北京　100083）

摘　要：本文从地质行业文化建设回顾、继承弘扬地质行业"三光荣"精神，实践社会主义核心价值体系和地质行业精神实例 3 方面对地质行业精神进行了探讨。地质精神是地质行业价值观的集中体现，是地质行业的精神支柱和推动力。

关键词：地质行业；精神；核心价值

精神形象是指作为观念形态的组织精神、运作理念、道德规范、宗旨目标等在社会公众心目中的一种客观性反映以及所形成的社会综合性评价。地质行业精神是地质事业之魂，是地质行业文化的核心，是地质行业生存和发展的精神支撑。地质行业精神既反映地质行业特征的相对稳定的价值取向，又从一个侧面折射出地质行业文化的时代气息，成为增强行业凝聚力、发展地质事业的重要精神动力。

1　地质行业文化建设回顾

地质行业精神是地质事业之魂，是地质行业企业文化的核心，是地质行业生存和发展的精神支撑。地质行业精神既反映地质行业特征的相对稳定的价值取向，又从一个侧面折射出地质行业文化的时代气息，成为增强行业凝聚力、发展地质事业的重要精神动力。

20 世纪初叶，以章鸿钊、丁文江、翁文灏等为代表的一批留学海外、报效祖国的饱学之士，率先改写了中国近代地质事业发展历史，他们主张"中国的土地应由中国人自己来勘探"。这些地质先驱们培养了中国第一批地质学家吃苦耐劳、踏实肯干的工作作风，成功搭建了近代中国地质人才培养的阶梯，保证了地质事业在艰难中不断地发展。第四纪冰川的发现、燕山运动的创立、玉门石油的发现、攀枝花铁矿的早期勘查、北京人头盖骨的发掘与研究，一项又一项重大成果相继诞生，不断续写着中国地质科学的拓荒史。

新中国成立后，地质事业迅猛发展。1952 年起，在地质学家、时任中华人民共和国地质部部长李四光的带领下，地质工作者们肩负国家建设急需解决能源的重任，以力学的观点研究地壳运动现象，探索地质运动与矿产分布规律，率先开展石油普查勘探工作。从 50 年代后期至 60 年代，地质勘探部门相继找到了大庆油田、大港油田、胜利油田、华北油田等大油田，使滚滚石油冒了出来。不仅解决了国家建设能源紧缺困难，也摘掉了"中国贫油"的帽子。在艰苦的岁月里，地质工作者不畏艰险，乐于奉献，形成了以献身地质事业为荣、以找矿立功为荣、以艰苦奋斗为荣的"三光荣"地质行业精神，激励着一代又一代的地质工作者，促进了地质事业的飞速发展。

改革开放后，地质行业精神又赋予了新的内涵，特别能吃苦、特别能战斗、特别能奉献、特别能忍耐的"四特别精神"，激发了地质工作者吃苦耐劳、拼搏进取、开拓市场、在艰苦的环境中立于不败之地的信心和勇气。1991 年，江泽民总书记为河南平顶山地质纪念碑题词"献身地质事业无尚光荣"，对当时地质行业精神给予了充分的肯定，极大地鼓舞了地质工作者。温家宝、邹家华、吕祖善等同志先后为浙江省第七地质大队题词："艰苦奋斗，开拓前进"、"艰苦奋斗建基业，改革开放创辉煌"、"创新地质工作，服务浙江经济"。该队曾荣获"地质找矿功勋单位"称号，2007 年又被评为"全国地质勘查行业先进集体"。

然而，随着改革开放的不断向前发展，社会经济发展与人们生活需求相应发生了很大变化。地质行业内计划经济的单一格局不断受到市场经济的冲击，事业属性也发生了很大变化。地质工作按其经济属性划分为公益性地质工作和商业性地质工作。公益性地质工作是国家计划的组成部分，是国家对国土资源进行宏观调控的一个基础性工作和重要手段。由国家投资，成果社会共享。商业性地质工作是指以盈利为目的的地质工作。它包括矿山企业为寻找接替资源而进行的地质勘查工作，矿山企业为新建开发项目所做的资源勘查工作，还包括工程项目特定的技术勘查工作以及纯粹是从事商业性地质勘查的勘探公司所进行的勘查工作，等等。商业性地质工作面向市场，靠市场需求而发展。在其地质成果上，通俗的说，地质成果分为两部分，一部分是公益性地质成果，一部分是商业性地质成果。公益性地质成果是为公共事业所做的地质工作，由国家或者政府投资，形成的成果公开为全社会服务。商业性地质工作是为了盈利而进行的地质工作，它的投资主体可以是多元化，成果有专属性，可以以商品形式进行交换。公益性地质工作是国家进行宏观调控的基础，商业性地质工作是市场配置的重要环境。概括来说，公益性地质工作和商业性地质工作的性质不一样，运行的机制也不一样。由此而出现了利益的多元化，思想观念的多元化，市场经济浪潮的冲击，动摇着"三光荣"的传统。

2 地质行业精神实例

2.1 新时期地质工作者"责任、创新、合作、奉献、清廉"核心价值观

推进地质调查工作新跨越，要以培育地质文化建设为灵魂。文化是一个团队、一个单位、一个系统的灵魂。地质工作需要加大地质文化建设力度，抢占地质事业精神高地。老一辈地质工作者谱写的"三光荣"精神和李四光精神，为地质工作注入了强大的精神

动力。在新的起点上，我们需要在继承前辈地质精神的基础上，培育新时期地质工作者的核心价值观。

担责任：要履职有责、守土尽责、敢于担当、担起所当；爱岗敬业、恪尽职守、任重道远。

求创新：把科技创新放在地质工作的核心位置，加快推进理论、制度、文化的全面创新；坚持用创新思维和改革办法解决问题、增强动力。在地质科技理论、技术、体制、机制、管理"五位一体"全面创新中起作用、做贡献、有位置。

谋合作：地质工作需要成百上千的地质工作者协同配合、合力攻关。需要充分发挥团队精神，心往一处想，劲往一处使，聚焦目标，攻坚克难，团结协作、求同存异；以虚心学习的心态推动合作、促进融合、增强凝聚力。合作就是互相配合，共同把事情做好。小合作有小成就，大合作有大成就，不合作就很难有什么大成就。

讲奉献：地质调查工作是科学探索工作，特别需要科学奉献精神。地质工作者，要耐得住寂寞，守得住清贫；要持之以恒，保持定力，不怕困难，将学习、思考、实践相结合，做一个吃苦耐劳、性格坚毅的地质人。奉献既是一种高尚的情操，也是一种平凡的精神；既包含着崇高的境界，也蕴含着普通的地质人生。

守清廉：要遵法守规，干干净净做人，踏踏实实做事。廉洁修身乃齐家之始，治国之源，平天下之基。以清廉的品行坚守道德底线，不碰法律红线。

用"三光荣"精神来增强地质工作的认同感、责任感和使命感，引导广大地矿人牢记宗旨，爱岗敬业，脚踏实地，甘于奉献，秉持求真务实、艰苦奋斗的优良作风，进一步增强大局观念和党性修养，坚持任何时候都以党和国家的事业为重，理解改革、支持改革、投身改革，顾全大局、维护大局、服务大局，急群众所需所盼所急，克己奉公，无私奉献，积极投身地质事业，在服务发展、服务社会、服务群众中实现地质工作的光荣价值，推动地质事业的科学发展。

2.2　广东地质人精神

服务　先行　求实　奉献

广东地质人精神，包含着"服务"精神、"先行"精神、"求实"精神和"奉献"精神。4种精神有机组合成一个完整的体系，并各自都有着丰富的内涵。

"服务"，即是服务精神。服务国民经济的方方面面、服务社会各个领域是新时期国家对地质行业的要求和新的定位。

"先行"，包含先行一步和领先在前的内涵。地质工作是国民经济建设的先行者，一马挡道，万马不能前行。因此，地质工作必须提前一、两个五年计划进行部署，为国家和省政府编制新的五年计划提供地质资料和资源保障。

"求实"，是指实事求是的科学精神，求真务实的作风。地质工作是探索性很强的工作。地质工作者必须具备求真、求实、求精的实事求是的科学精神，严格遵循地质工作规律办事，坚持"脚下出真知"的实践第一的哲学观点。不论是野外工作还是室内检测、研究，都要精益求精，提交的地质资料、成果要经得起时间和后人的检验。

"奉献"，是指无私奉献精神。这是广东地质人的思想境界内在要求，既继承"献身地质事业无尚光荣"的传统，更要在振兴中华，重振地质事业雄风中奉献出无穷的智慧和力量。

2.3 "广东地勘人精神"格言警句

勤奋进取，爱岗敬业；求真务实，精益求精；
敢想敢干，顶天立地；德才兼备，社会栋梁。

释意：

勤劳进取，爱岗敬业：勤劳是广东人的传统美德，勤奋是广东地勘人的必要品质。若说地矿人是一种职业，那将代表着责任与拼搏；若说地矿人是一个岗位，那将代表着平凡与奉献。

求真务实，精益求精：地质勘查工作，主要是通过合理地布置地质工程，准确全面地搜集地质数据，进而推断地下地质体的结构、构造、规模及赋存形态等特征，从而对未知形成一个相对客观的已知存在。

敢想敢干、顶天立地：

地质工作，是脑力劳动与体力劳动的完美结合，不仅要用自己的知识绘制出一副蓝图，并且还用自己的汗水将之付诸实践，最终将一个个地下宝藏展现在世人面前。我们广东地勘人决不会在怕犯错误的思想下畏首畏尾，停滞不前，我们敢想敢干，我们顶天立地。

德才兼备，社会栋梁：

地质行业是基础行业，对国家的基础建设和经济发展，都起着至关重要的作用。坚持实事求是，做到不唯学历重能力，不唯资历重业绩，注重德才兼备，实绩突出，群众公认。我们就是德才兼备的广东地勘人，我们都是社会的栋梁。

2.4 江西地矿精神

先行　求真　善博　图强

释意：

先行：先行是行业的特征，先行是不懈的追求。寻找资源，基础支撑，服务社会，责任在身，我们勇立潮头，敢为人先。

求真：求真没有止境，务实别无他途。我们脚踏实地，科学严谨，探索地球的奥秘，追求人生的真谛。

善博：拼搏求发展，善谋图大业。我们艰苦奋斗，创新思维，用智慧和力量搏击市场，不断攀登新的高峰。

图强：共同的愿景，恒定的目标。我们奋发图强，光荣奉献，建设和谐平安地矿，实现富民强局目标。

2.5 安徽地矿精神

矿业先行　开拓创新　稳定和谐　敬业奉献

释意：

矿业先行，为美好安徽提供资源保障

先行，是安徽地矿精神的核心，这是由地质工作的本质决定的。

开拓创新，抢抓机遇实现跨越式发展

创新，是安徽地矿精神的精髓，彰显了地矿人的精神风貌。创新是事物发展的本质特征，是永葆生机的不竭动力。安徽地矿的创新精神首先体现在找矿机制的突破上。

稳定和谐，凝心聚力铸就坚强精神堡垒

和谐，安徽地矿精神的特征，代表了安徽地矿的发展目标。和谐地勘是和谐社会的重要组成部分。

敬业奉献，彰显新时期地质人风采

奉献，安徽地矿精神的品质，是地矿人最为鲜明的特征。

2.6 福建省地质矿产勘查开发局新时期"三光荣"精神的"十六字"时代内涵

奉献 牺牲 责任 担当 效能 效率 先行 创新

1）要发扬"奉献、牺牲"精神，这是前提。"奉献、牺牲"，就是为了国家、集体的利益和事业的发展，个人能自觉地让度和舍弃自身利益的一种高尚的道德品质。如果只有索取与获得，没有奉献与牺牲，社会就难以进步、事业就难以发展。

2）要强化"责任、担当"意识，这是根本。"责任"是应该承担的职责，而"担当"是主动承担职责。如果责任意识不强，担当勇气缺乏，就会出现推诿扯皮现象，就会影响工作效率，不仅抓落实容易落空，还会出现那种人人都抓落实、谁也不落实的现象。

3）要树立"效能、效率"观念，这是关键。"效能"，主要包括业务素质和工作能力；"效率"，指的是决策力和执行力。如果遇事慌慌张张、六神无主，做事马马虎虎、拖拖拉拉，处事优柔寡断、瞻前顾后，那么最终必将一事无成。

4）要增强"先行、创新"能力，这是动力。"先行"，就是敢为人先、先行先试；"创新"，就是解放思想、善于突破。如果什么事都不敢尝试，什么事都墨守成规，什么事都作茧自缚，永远只知道凭经验做事、走前人老路，那么我们的事业就没有希望可言。

2.7 安徽地质队精神文化建设

（1）献身地质 服务社会 开拓创新 追求卓越

释义：献身地质是传承地质人"三光荣"精神、"四特别"优良传统，在地质工作新纪元，借以增强地勘员工吃苦耐劳、开拓市场、拼搏进取、在艰苦的市场竞争中立于不败之地的信心和勇气。服务社会就是弘扬奉献、拼搏精神，为社会做出更大的贡献。开拓创新就是不断解放思想、实事求是、锐意进取、与时俱进，展现地质人的精神面貌。追求卓越就是追求地质找矿成果最大社会效益，创造卓越的品牌。

（2）献身地质　服务社会　开拓创新　追求卓越

释义：献身地质是传承地质人"三光荣"精神、"四特别"优良传统，在地质工作新纪元，借以增强地勘员工吃苦耐劳、开拓市场、拼搏进取、在艰苦的市场竞争中立于不败之地的信心和勇气。服务社会就是弘扬奉献、拼搏精神，为社会做出更大的贡献。开拓创新就是不断解放思想、实事求是、锐意进取、与时俱进，展现地质人的精神面貌。追求卓越就是追求地质找矿成果最大社会效益，创造卓越的品牌。

（3）地质立局　矿业先行　科学发展　奉献社会

释义：地质立局是指在新时期，国家的中长期发展迈入以资源为支撑的阶段，我们要立足于地质行业，把找矿作为主要目标。矿业先行就是不断探索探采实业一体化道路，创新发展模式。科学发展，指遵循发展规律，坚持以人为本，走全面、协调、可持续发展道路。奉献社会是安徽地矿发展的根本目的，继续发扬地矿人奉献精神，服务安徽经济，为社会做出贡献。

（4）地质先行谋发展　科学探矿求创新　强局富民立新功　奉献社会促和谐

释义：地质先行谋发展指的是我们要发展地质事业，必须时时刻刻树立"地质立局"发展理念，把地质找矿作为我们的首要目标，按照三大产业、"一主两翼"体系，谋划地质工作的"三大突破"。科学探矿求创新要求新的时代有新的要求，我们要顺应时代发展的潮流，与时俱进，开拓创新，探求地质科技新方法，新技艺，追求更大的地质成果。强局富民立新功指改革发展的根本目的是强局富民，要用安徽地矿精神凝心聚力，再立新功。奉献社会促和谐一直是我们的追求，必须遵循社会主义市场经济规律和地质找矿规律性，勇于探索和创造，奋发图强，推进改革发展，为社会和谐勇做贡献。

2.8　四川省煤田地质局一三七队企业执行文化

实——就是要实实在在，求真务实，把工作落到实处。说实话、办实事、出实绩，任何虚的、假的都没有市场，这就是我们经常说的实干精神。要求我们各级领导干部不说假话、套话、官话、废话，要用"做人要实、做事要实、做官要实"的标准严格要求自己，要实实在在的沉下去抓工作，真正为广大职工群众办实事。

快——就是要高效快捷，行动迅速。快，讲的是速度和效率问题，我们今天面对的是市场，在市场经济中，商场如战场，战场上的机遇稍纵即逝，现代战争制胜的法宝就是闪电战。市场经济中，强大并不可怕，可怕的是速度，大鱼吃小鱼并不可怕，可怕的是快鱼吃慢鱼，因为速度就是要高效率，高效率才能为我们带来高效益。今天能行动的不要放在明天，现在能行动的就不要放在将来。立刻行动，没有任何借口，只要全力以赴，我们就会干好每一件事。

简——就是要化繁为简，简单也是速度。通过事物的现象，抓住事物的本质，去伪存真，去粗取精，由表及里，抓住问题的实质和关键，用最简单、最有效的办法去解决复杂的问题，使复杂的问题简单化。最简单的办法就是解决问题最有效的办法。有些人看似繁忙，但最终不知忙了些什么，就是因为没有抓住问题的实质和关键，没有从深层次分析和解决问题的能力，经常是瞎忙、白忙，使简单的问题复杂化，制造了大量的工作垃圾，既浪费了人力，又浪费了财力。简单和速度是两个辩证的关系，没有简单，就谈不上速度，简单成就速度，速度来源于简单。

敢——就是要敢为人先，敢想、敢干、敢闯、敢为。敢是一种勇气和气魄，它要求我们有一种"敢于突破、敢于创新、敢于实践"，"敢为天下先"的精神，要求我们敢于做第一个吃螃蟹的人，敢于走前人没有走过的路。

变——就是要与时俱进，求新求变，机动灵活。党的十六届五中全会提出要把我国建设成为一个创新型国家。创新是一个民族、一个国家的灵魂，也是一个组织前进的动力。当今世界发展日新月异，市场经济更是快速地在发展变化，这就要求我们必须主动地去顺应变化，不断地去适应市场，而不是市场来适应你，因为市场经济不变的法则就是永远在变。只要敢于创新，敢于突破，敢于求变，做到灵活机动，与时俱进，我们就会拥有无穷的生命力和创造力。

融——就是要和谐、融洽、水乳交融，融会贯通。在一个单位或组织里，人与人之间要和谐相处，相互融洽、相互尊重、相互信任、相互支持、相互理解，要换位思考，要有良好的工作氛围，要心情舒畅地合作共事，而不要钩心斗角、尔虞我诈，要构建一个和谐而充满活力的组织。

严——就是要严格要求、严格管理。要求我们在工作中有严明的组织纪律、严格的工作作风和尊重实践、尊重科学的工作态度，而不是纪律涣散，办事拖拉，或蛮干、瞎指挥。

深——就是要深入、深刻。工作中要深入基层、深入实际，工作必须要有深度，正如要有"两寸宽的口子，两千米的深度"和"一头扎进去"的工作作风。而不要蜻蜓点水，吹牛皮，做表面文章。

细——就是要细致、仔细。细节决定成败，工作中，要做到精益求精，认真细致，力戒粗糙和麻痹大意，做到不该出错的地方千万不要出错。

2.9 浙江省第七地质大队创新的"三光荣"精神

以热爱本职工作为荣 以实干出成效为荣 以艰苦奋斗为荣

在本职工作中要有严肃认真的工作态度、团结协作的互助精神、努力提高自身的综合素质、较强的工作责任心、具备高超的敬业精神、具有强烈的奉献精神、要有平和细致的心境和谦受益、满招损的思想。同时必须认真总结，逐步提高自己的认识水准，只有这样才能把本职工作做好。

干出成效就要弘扬实干精神，必须只争朝夕，抓紧每一天，干实每一天，做好每一天。当前，社会发展对地质找矿工作要求越来越高，竞争也越来越激烈，时间、效率和质量比任何时候都显得更重要。我们一定要抢抓机遇，用时不我待的精神做好工作，积极探索，不等不靠，讲质量、求速度，争效率，及时准确圆满完成各项任务，实干是我们地质人义不容辞的使命和责任。

艰苦奋斗是中华民族的传统美德。在新的历史条件下，牢固树立"以艰苦奋斗为荣"

的观念，大力弘扬艰苦奋斗精神，有利于我们提升思想境界和道德素养，坚持正确的政治方向，提高拒腐防变的能力。

艰苦奋斗不仅有"艰苦"的含义，更有"奋斗"的要求，它强调精神上要振奋，思想上要刻苦，顽强拼搏，永不言败。一个人以艰苦奋斗为准则，自强不息，可以锤炼意志，增长才干；一个民族或国家以艰苦奋斗为风尚，奋发图强，可以众志成城，成就辉煌。艰苦奋斗的精神应该发扬光大。

2.10 浙江省水文地质工程地质大队核心价值观

知荣辱 讲责任 知感恩 讲奉献

针对出现的部分职工对单位的归属感不强，主人翁责任感与奉献精神欠缺，注重少付出多回报的现象，该队党委把扎实推进社会主义核心价值体系建设作为一项重要工作来抓，积极倡导"三光荣"精神，通过"典型引路"，宣传先进，引导和帮助职工树立正确的价值观。同时，发动广大的干部、职工，精心提炼该队核心价值观。经过近两年时间的讨论，终于提炼出"知荣辱、讲责任；知感恩、讲奉献"的十二个字核心价值观，并获得了广泛的肯定和认可。

2.11 中国矿业联合会新"三光荣"

"以先行强国为荣，以找矿富民为荣，以精学立世为荣"

"先行"指的是"大地质"概念，水、工、环都包含其中；"富民"则包含富了地质职工也富了当地百姓；"精学立世"指的是中国的地质学说、理论、技术、方法等要成为精华，是站在世界的高地上，能为全人类做出贡献。

3 继承弘扬地质行业"三光荣"精神，实践社会主义核心价值体系

社会主义核心价值体系是社会主义中国的精神旗帜。深入贯彻落实科学发展观，推动地矿事业又好又快发展，需要进一步弘扬地质"三光荣"精神，更需要发挥社会主义核心价值体系的引导和支撑作用，在地矿行业形成团结拼搏、奋发有为的精神力量。在新的历史时期，继承和弘扬地质"三光荣"精神，就是为了更好地推进地矿行业社会主义核心价值体系建设，巩固地矿队伍团结奋斗的共同思想基础。

3.1 提高思想认识

"以献身地质事业为荣、以艰苦奋斗为荣、以找矿立功为荣"的"三光荣"精神是地矿行业的优良传统，在地矿事业改革与发展的过程中，始终发挥着凝聚人心、振奋精神、鼓舞斗志的重要作用。2006 年国务院颁发《关于加强地质工作的决定》，要求"继承和发扬'三光荣'的优良传统，在新时期地质工作中再创辉煌"。"三光荣"精神强调为社会主义地矿事业无私献身、艰苦创业、开拓实践、建功立业的道德品质，体现了爱国主

义精神和集体主义精神，体现了奋发有为精神和开拓创新精神，是民族精神和时代精神的具体化，是社会主义核心价值体系在地矿事业的具体体现。

3.2 加强学习宣传

要进一步推进"三光荣"精神和社会主义核心价值体系深入学习和宣传普及，抓好《社会主义核心价值体系学习读本》的学习使用，把学习"三光荣"精神与学习"奉献、牺牲，责任、担当，效能、效率，先行、创新"的时代内涵结合起来，进一步增强理解，明确要求，自觉遵守奉行。在社会主义市场经济活跃的今天，"三光荣"依然是搞好地质找矿工作的"三大法宝"、"地质之魂"，是广大地质找矿工作者为实现地勘单位又好又快发展而无私奉献、建功立业的精神动力和力量源泉。

3.3 坚持典型带动

先进典型是弘扬"三光荣"精神和践行社会主义核心价值体系的优秀代表，对广大地矿员工有着极大的激励和感召作用。要注重发挥党员干部的模范带头作用。加强党员干部先进性建设，开展深入学习实践科学发展观活动，进一步增强党员干部的党性意识、宗旨意识、执政意识、大局意识、责任意识，自觉做到为党分忧、为国尽责、为民奉献，始终保持坚定的理想信念、崇高的精神境界和高尚的道德情操。要注重发挥老典型的精神感染作用。在地矿事业发展的历程中涌现了一大批体现"三光荣"精神的先进典型，他们在不同年代、不同环境、不同岗位为地矿事业发展做出了突出贡献，至今仍然令人感动和崇敬。

3.4 建立激励机制

机制是保障。要把倡导"三光荣"精神和社会主义核心价值体系作为地矿行业的分内工作，建立健全有效的激励机制，注重在日常管理中体现主流价值，使符合"三光荣"精神和社会主义核心价值体系的行为得到奖励。

社会主义核心价值体系是社会主义中国的精神旗帜。深入贯彻落实科学发展观，推动地矿事业又好又快发展，需要进一步弘扬地质"三光荣"精神，更需要发挥社会主义核心价值体系的引导和支撑作用，在地矿行业形成团结拼搏、奋发有为的精神力量。在新的历史时期，继承和弘扬地质"三光荣"精神，就是为了更好地推进地矿行业社会主义核心价值体系建设，巩固地矿队伍团结奋斗的共同思想基础。

地质行业特色文化的内容丰富多彩，但最具魅力的是地质精神。地质精神是地质行业价值观的集中体现，是地质行业的精神支柱和推动力，是一种自觉养成的特殊意志和信念，是地质文化的灵魂和精髓。

地质单位要在不断开拓探索中、在努力创造中体现时代赋予地质行业精神的新内涵，在艰苦奋斗中体现时代赋予地勘行业精神的新任务，使发展之后的地质行业精神成为地质文化的灵魂，成为地质人的精神信仰，努力推进地质事业健康持续。

参 考 文 献

张先余. 2012. 弘扬"三光荣"精神，塑造地勘队伍核心价值理念[J]. 中国国土资源经济, (7)：16~18.

邓艳萍. 2015. 对如何弘扬地质精神的思考[J]. 企业导报, (20)：182~186.

丁启燕. 2012. 地质精神永不灭[J]. 青海国土经略, (4)：73.

宋宏建. 2014. 弘扬地质行业精神与践行社会主义核心价值观[J]. 国土资源高等职业教育研究, (3)：59~62.

简论地学类博物馆对地质文化的传播

胡 芳

（成都理工大学博物馆　成都　610059）

摘　要：地学类博物馆是对公众传播地质知识的重要场所。随着社会的进步，对地质文化的传播亦成为博物馆的重要任务。本文从传播内容、传播形式和传播理念3个方面剖析了地学类博物馆对地质文化的传播工作，力求通过这样的探究使地学类博物馆的传播内容更丰富、形式更多样、理念更先进、影响更深刻。

关键词：地质文化；地学类博物馆；传播；提升

地质学是一门自然科学。地质文化是对地质学的研究行为和研究内容生发出来的文化内涵。地质科学的研究工作者在科学工作中，逐渐积累出对地球的认知和深厚的情感，衍生出对地球现状和未来的关心；对人与地球的关系也有了深入的认识和感悟。地质文化是将地球与人类相联系的文化，它将地球与人类置于同一个命运共同体，关注两者之间的相互关系和相互作用。地质文化承载了人类对地球的探索、利用和爱护，是人类智慧和情感在地质学领域的投射和反映。

地学类和自然类博物馆拥有地质学的各类标本实物，同时承载着社会教育的主要职能，是传播地质科学的重要机构，也肩负着传播地质文化的神圣使命。地学类博物馆对地质文化的传播，在传播内容、传播理念和传播方式上，都要遵循科学、全面、精进、常新的宗旨，使传播效果达到最优。

1　地学类博物馆对地质文化内容的传播

在内容上，要全面、细致，将古今中外、多元多维、宏观微观的地质文化深度挖掘，深刻提炼，将地质文化定义为一种先进的、科学的、有用的、充满人文关怀的文化，使之成为社会主义精神文明建设的一个有机组成部分。笔者认为，博物馆对地质文化内容的传播，主要可从以下几个方面展开。

1.1　人类与地球相互关系的历史脉络

从人类诞生开始，就不可避免地与地球发生密切关系。人类文明的发展是伴随着人类与地球或大自然相互博弈的过程前进的。基本分为以下阶段。

1.1.1 原始文明阶段

原始社会的人不能了解自然现象背后的规律，几乎完全受到自然界的支配，在与自然的博弈中处于从属地位，因此发展出对自然的崇拜。自然为人类提供了生存与繁衍的全部保障，人类发展完全依赖于自然界的馈赠。

1.1.2 农业文明阶段

在农业文明阶段，人类初步探索出一些自然规律，使其为己服务，从而促成了农业和手工业的诞生和发展，使人类生活有了生存保障。从此人类不仅通过体力劳动，而且通过脑力劳动来保障自身的发展。

1.1.3 工业文明阶段

在工业文明阶段，人类对世界的认识实现了科学化、学科化，从宏观到微观，人类的科学技术在极大程度和范围上揭示了各类关于自然和地球的规律，人类摇身一变成了自然界的强者，已能在很大程度上根据自己的目的改变地球的面貌。

1.1.4 生态文明阶段

在生态文明阶段，人类反思曾经的活动对地球造成的污染和破坏，主张人与自然、人与人、人与社会和谐共生、良性循环、全面发展、持续繁荣。这是一种自觉、自律，同时尊重与维护自然的先进文明。

以人类与地球相互关系的发展史为内容，地学类博物馆可将人与地球之间相互作用、相互影响的关系，从正面和负面两个角度加以评判，使博物馆观众清醒而理性地认识到地球与人类生存发展的休戚相关的联系，增强他们感恩自然、保护地球的主人翁责任感。

1.2 地质科学的发展历程

地质科学的发展，经历了人类对地质知识的原始积累、地质概念的形成、地质学的形成、地质学分支学科的形成、新地球学说的形成等地质科学发展等几个重要阶段。这是一个加速度的过程，而且是长期的缓慢进化和短期的快速变化相交替出现的过程。让人们了解人类对地质科学从感性到理性、从表象到本质、从宏观到微观、从片面到全面的认识进程，同时也对地质学的基本知识有了切实的了解。

1.3 地质学家优秀的人格品质和科学精神

古今中外的一些著名的地质学家，对探索科学真理的强烈好奇心和孜孜不倦的追求，在科学实验中求真求实、精益求精的品格，在科学研究中创新与大胆突破的精神，都是值得我们学习的。

1.3.1 勤奋学习、刻苦钻研、全面发展

德裔美国地质学家葛利普，一生发表近300种学术著作，内容涉及古生物学、古人类学、地层学、地史学、古地理学、地貌学、生态学、矿物学、沉积岩石学、构造地质学、矿床学、石油地质学等方面。丰富的学识和广泛的涉猎为他的科学研究打下了坚实的基础。

1.3.2 具有正确的科学世界观

我国北宋科学家沈括，具有朴素的唯物主义思想和发展变化的观点。他认为"天地

之变，寒暑风雨，水旱螟蝗，率皆有法"，并指出，"阳顺阴逆之理，皆有所从来，得之自然，非意之所配也"。就是说，自然界事物的变化都是有规律的，而且这些规律是客观存在的，是不以人们的意志为转移的。他还认为事物的变化规律有正常变化和异常变化，不能拘泥于固定不变的规则。沈括曾提出已知的知识是有限的，人的认识是无限的观点。他还十分重视劳动群众的实践经验和发明创造。正确的科学世界观使他始终能以客观、理性的态度来从事科学研究。

1.3.3　具有求真求实、重视实践的科学精神

我国古生物学家、地层学家、第四纪地质学家、地质教育家杨钟健是一位正直、务实的科学家，他脚踏实地，不尚空言，既不好高骛远，尤恶故弄玄虚，只是与实际调查及客观事实打交道。李四光说："真正的科学精神，是要从正确的批评和自我批评发展出来的。真正的科学成果，是要经得起事实考验的。有了这样双重的保障，我们就可以放心大胆地去做，不会自掘妄自尊大的陷阱"。在探求科学真理的道路上，地质学家们以事实为核心，为依据，抛弃一切虚妄的东西，努力去探求事物的本质。

1.3.4　敢于破除迷信和旧的理论、观念，提出新的科学见解和理论

对"地质学之父"魏尔纳倡导的"水成论"，英国著名地质学家赫顿提出了见解不同的"火成论"。火成论的提出，产生了运动的地球的观念，为现代地质学的产生奠定了基础。英国著名地质学家赖尔，应用现实主义原则特别是"将今论古"方法，提出了渐进论并以此为地层学奠定了基础，彻底打破了统治欧洲千余年的基督教宣扬的上帝造物的神话。

李四光说："不怀疑不能见真理，所以我希望大家都取怀疑态度，不要为已成的学说所压倒。""真理，哪怕只见到一线，我们也不能让它的光辉变得暗淡。"

对传统学说的挑战是需要勇气的，然而如果没有这种挑战，科学就不能进步。在事实的基础上，敢于提出新的观点和学说，也是优秀科学素养的一种体现。

1.3.5　淡泊名利，严于修身，品德高洁

中国东汉科学家张衡，在担任官职期间，因为清廉刚正，少有升迁。在宦官干政时，他敢于上书劝谏皇帝。在担任骄奢淫逸的河间王刘政的国相期间，他整肃法纪，治理上下。我国地质界一代宗师章鸿钊，以及丁文江、翁文灏3位地质学家，在地质研究所培养学生时，以身作则，为人师表，"奉公守法，忠于职务，虚心容忍，与人无争，无嗜好，不贪污，重事业，轻权利"（叶良辅语），为学生们树立了高尚人格的榜样。

1.3.6　热爱祖国，将个人命运与祖国紧密联系

中国地质事业的创始人章鸿钊在日本留学期间，决定改学地质。当时他认为，中国人对本国的地质情况一无所知，是国民的耻辱；同时地质学对国家的农工矿等行业有重要支撑作用，因此决心开创祖国的地质事业。学成归国后，他不仅开创我国地质科学史研究之先河，还为我国培育了第一批地质学家，其中许多人成为我国早期地质工作的主力。在抗日战争时期，他不顾生活艰难，多次拒绝与日本人合作，抗战胜利后，他又投身于祖国地质事业建设中。

李四光说："我是炎黄子孙，理所当然地要把学到的知识全部奉献给我亲爱的祖国。"

地学类博物馆应开辟著名地质学家专栏，以图片、文字、音像等形式，向观众传播地质学家的高风亮节和科学贡献。以一个个有说服力的事实让观众切身感受到投身科学事业是艰巨而崇高的使命，激发他们爱科学、学科学、以科学素养塑造和提升自我的热情和动力。

1.4 生态文明理念

生态文明理念是在总结前人与地球相互关系的利与弊、得与失的基础上发展出来的，是号召人们从与地球对立的固有思维方式中解放出来，将人类与地球看作一个共存共荣、不可分割的整体，增强自省和自我约束的意识和爱护、保护地球的责任感。人与地球是相互平等的个体，通过良性的互动来获取双方价值的最大化。

生态文明理念重视地球上各种生物的存在和发展，看重不同生物之间相互影响和相互作用的紧密联系，具有强烈的人文关怀情怀。生态文明理念也是在科学认知基础上产生的一种积极、宽容、自律和恬淡的科学态度，它着眼于长远，着眼于本质，是一种先进的科学理念。

地学类博物馆可将生态文明理念融入展览布局，揭示地球与各类生物之间千丝万缕的联系。在讲解和各类活动中，启发观众思考地球和生物与人类活动的关系，用整体和大局的眼光来看待世界，认识到生态系统是如何存在和发展的。

1.5 环保意识

环保意识其实是生态文明理念的一个分支。作为一个单独的课题提出旨在告诫人们环保的紧迫性和采取环保行动的迫切性。环境污染是全世界普遍存在、日益严重且危及人类子孙后代的一个严峻问题。

地学类博物馆可开设环保专题栏目，向人们讲述环境污染的历史和现实及其危害，通过自然之美与污染之丑恶的强烈对比，引发人们对地球与环境的自觉思考。同时呼吁人们从现在做起、从生活小事做起，一点一滴地为环境保护做出应有的贡献。

1.6 地质学与国民生产生活的密切关系

人类改造世界的活动与地球有着相当重要的联系。农业开发、城市建设、工业生产、资源开采、海洋开发、国防军事、交通运输、休闲旅游……几乎人类的绝大多数的生产生活活动都需要地质学相关学科的辅助和支持。认识到这一点，就会让民众认识到地质学正在我们的日常生活和国家发展中默默地发挥着举足轻重的作用。未来人类发展的重要课题，如环保、宇宙探索也需要地质学的支撑和参与。地质学博物馆可以此为专题，向观众讲述国民生产生活的各个方面以及人类的未来发展都离不开地质学的研究，从而唤起观众心中重视地质学、关注地质学、热爱地质学的情感。

2 地学类博物馆对地质文化的传播方式

地学类博物馆可既采用一些传统而有效的传播方式，又可将新的内涵和理念注入其中，使博物馆社会教育不仅围绕知识和展藏品展开，还有更多深入生活、放眼海外、回溯历史、关注社会、关怀人文的元素在其中，从而使地质文化在博物馆的科普教育中恣肆流动，成为一股引人入胜的新鲜血液，使得博物馆的科普教育常变常新，更加顺应社会发展的要求，也更加满足观众的需求。

2.1　科普讲解

博物馆讲解员除了对地学知识的讲解外，还要将热爱地球、热爱科学、热爱祖国、热爱生活、关注人类发展等积极、健康、向上的情感，通过地质文化的普及传递给受众。使受众从人类中心主义的思维定式中跳出，以一种冷静自省的态度来反思人类行为，将人类与地球视为命运共同体，并将这样的意识融入他们世界观和价值观。

2.2　专题展览

包括展厅固定展览和馆外临时展览两类。展厅可开辟地质文化专题的展点、展区或展线，通过图文、展品、复原场景等形式，将地质文化元素融入总体展览中。馆外临时展览可以"人与地球"，"人与自然"，"地球科学的昨天、今天和明天""我们身边的地质学"，"地质学家的故事""地球——人类的生态家园"等为主题，以翔实生动的信息和相关的实物展品向受众传播地质文化。

2.3　专题讲座

地学类博物馆在对中小学校和社区的讲座中，应注重开发关于地质文化的授课内容。如以"人与地球（自然）发展史"、"地学发展史"、"地球与人类活动"、"生态文明与环境保护"等为主题，在宽度和深度上进一步加强受众对地质学的认识，加深他们对地球的挚爱之情。

2.4　教育活动

地学类博物馆应大力开展传播地质文化的各类体验性、探索性和参与性活动。如通过知识问答、废旧物品制作、科普剧剧本创作和表演、讲故事、征文、征画、培训义务讲解员等活动，将地质文化融入地学知识的学习中，使受众在感性上和理性上对地学有一个更加深入和全面的观念。

3　地学类博物馆对地质文化的传播理念

在传播理念上，传统的科普教育，大多拘泥于博物馆的展藏品知识介绍，而地质文化教育需要跳出这个桎梏，不仅向受众普及地质学基本知识、还要将地质学与人类活动结合起来，让受众了解人类对地质学认识与研究的历史、地质学对人类文明发展的重要作用以及地质学对人类未来命运的重要作用，包括生态文明、环境保护等不可避免的课题。同时，还要让受众了解科学研究的特点、地质学领域的科学家们的科学品质和精神。

基本要运用以下元素：

3.1　人文关怀的情怀

地质文化要强调以"爱"为核心和灵魂。对人类家园大自然的热爱之情，对为我们提供资源的地球的感恩之心，对追求真理的高尚人格的景仰之情，对人类后代生存与发展的忧患之感，对人类伤害环境的错误行为的愧疚之意……人文关怀的情结伴随着人类对自身深刻的自省精神和理性的反思精神，彻底摒弃人类中心主义，从多角度的视野来看问题，用清醒和平和的态度来节制人类的无理欲望。

3.2　历史和发展的观点

地质文化应大大拓宽和延伸人们的知识和文化视野，通过学习人类文明的发展史和地球科学的发展史，总结出历史发展的内在规律，使观众学会用历史的、运动的、发展的观点看问题，总结历史的经验教训，未雨绸缪，担当起这个时代和将来人类应尽的责任。

3.3　艺术美学的感染

地质文化着力将"真、善、美"的元素融入其内容，让人们领略到自然之美、地球之美、人类精神和智慧之美，使这种美内化为人们的一种自觉意识，即对"真、善、美"的热爱和追求，陶冶出他们的健康、积极的情感。

3.4　积极生活的态度

地质文化通过对人们知识的拓展、理性的塑造、情操的陶冶，最终会帮助人们树立一种积极向上的生活态度。那就是，在掌握更多知识的基础上提高科学素养，增加内省精神，强化理性思维，提升审美水平，并愿意用自己的奋斗为地球和人类共谋一个美好的未来。

综上所述，地质文化成为地学类博物馆传播的重要内容，是时代发展的呼唤，也是社会进步的体现。作为重要的社会教育机构，地学类博物馆应将地质文化的教育作为博物馆传播工作的一大特色，用这样的教育来影响人、感染人、塑造人，为我国全民科学素养的提升和社会主义精神文明建设贡献出应有之力。

参 考 文 献

刘学清，李小龙，张梅. 2010.地质文化建设构想[J]. 城市地质，(4).

作者简介：胡芳（1976—），女，成都理工大学博物馆馆员。研究方向：博物馆科普教育和国际文化交流

"垃圾"中的地质学与地学文化

刘 澜 沙景利

（中国地质图书馆　北京　100083）

摘　要：本文从广义的垃圾入手，从列举的地质学领域中曾经被当作垃圾的可燃冰、璞玉和尾矿变废为宝的过程中剖析了地质学原理及在垃圾的地质学改造过程中迸发出的强大的地质文化现象。

关键词：广义垃圾；地质学；地质文化

垃圾在日常生活中是个麻烦制造者，在语文学科中是个贬义词，在人们心目中是个无用的废物，但是垃圾既然无用为什么还要分类？加入了产业化的大军？可见，不起眼的垃圾中蕴含着深道理、大智慧，不可小觑。

1　垃圾的含义

垃圾一般指不需要或无用的没有价值的事物。广义垃圾指被废弃的潜在资源。垃圾本身又是由多种材料和物质组成的，所以在这个意义上又说明"垃圾是放错位置的资源"。看待垃圾要用矛盾分析法，垃圾在不同领域、不同方面、不同的人群、不同的时期、不同的发展阶段表现出有用或者无用，不能一概而论，要全面、发展地分析问题。本文中的垃圾指广义的垃圾，列举了曾经的垃圾是如何从丑小鸭变成白天鹅的过程，剖析了其中蕴含的地质学知识和地学文化的魅力。

2　地质学与地学文化的涵义及两者志同道合的关系

地质学是研究地球的产生、发展及其演化规律的科学，其研究对象是正确认识地球及人类的生存环境，寻找人和自然和谐相处的途径，是自然科学中直面人类与自然关系的重要学科。随着社会生产力的发展，人类活动对地球的影响越来越大，地质环境对人类的制约作用也越来越明显。如何合理有效地利用地球资源、维护人类生存的环境，已成为当今世界所共同关注的问题。因此，垃圾中的地质学具有现实意义。

地学文化作为人类文化的一个重要的构成部分和子体系，就是人类认识、把握、开发、利用地球，调整人与地球的关系，在开发利用地球的社会实践过程中形成的精神成果和物质成果的总和，它是人地关系在文化上的反映。

地质学与地学文化的密不可分表现在和谐观上。地质学追求通过基本理论和方法的运用，促进人与地球的和谐发展，而地学文化则在此基础上更加追求通过地学文化功能的发挥，促进人与地球的和谐发展。地质学研究应用过程中充满人文精神，产生地学文化。历史上，人类在地质学作用过程中创造了很多奇迹，更创造和传承了灿烂的地学文化。相反，地学文化对地质学又具有引导和推动作用，地学文化的丰富想象力给地质学的发展注入新鲜活力。总之，地学文化传承离不开地质学的发展，同时又促进地质学的发展。

3 垃圾与地质学的脉脉情结

一提到垃圾，人们的第一反应就是糟粕、掩鼻而逃，但是工作、生活中的垃圾比比皆是，又使人无处可逃，只能积极面对、解决问题。于是开启了一场漫长的人垃博弈的征程，人们在长期的认识和改造垃圾的过程中不断发现了其中的美。

3.1 崭露头角的可燃冰在地质勘探领域大放异彩

有些东西最开始不被人知晓，像无名英雄一样默默地隐匿着，因突发事件或特殊原因，被人们意外地发现了，最开始很有可能被当成讨厌的、不速之客的垃圾来对待，后来逐渐被人们研究发现并非废物，而是取之不尽、用之不竭的宝物。例如：可燃冰，即天然气水合物，是分布于深海沉积物或陆域的永久冻土中，由天然气与水在高压低温条件下形成的类冰状的结晶物质。1 m^3 的可燃冰可释放出 164 m^3 的甲烷气和 0.8 m^3 的水。燃烧后仅会生成少量的二氧化碳和水，由于其能量密度是常规天然气的 2~5 倍，并且不会像煤炭和石油产品燃烧时释放出粉尘、硫化物、氮氧化物等环境污染物，被誉为 21 世纪的绿色能源。在能源紧缺的今天，可燃冰作为一种高效清洁能源显示出了它举足轻重的作用，它对人类的贡献不可估算。然而，它曾经背负骂名、饱经风霜，甚至与世隔离。20 世纪 30 年代，天然气作为一种燃料开始被广泛使用，人们铺设了输气管道，但管道经常被奇怪的"冰块"堵塞，科学家为了排除这些"麻烦制造者——垃圾"，对这些"冰块"的结构和成分进行了分析。1934 年，苏联科学家发现这些冰块是天然气和水混合而成的，称天然气水合物，就这样可燃冰被人们意外地发现了。后来逐渐证明可燃冰是一种清洁能源、宝贵的资源，世界各国争相研发开采，我国已于 2007 年和 2008 年分别在南海海底和祁连山冻土带钻获可燃冰样品，现正在紧锣密鼓地向商业性试采迈进。从默默无闻的垃圾到引起世人震惊的新能源，其成果在地质学领域大显神威。

3.2 祸患无穷的尾矿在地质创新引领下变废为宝

金属和非金属矿山开采出的矿石，经选矿厂选出大部分有价值的精矿后，剩下泥砂一样的"剩余物"称之为尾矿。我国累积堆存和正在产出的尾矿中还含有暂时未能回收的有用成分，具有巨大的潜在利用价值。尾矿大量堆存的结果不仅造成了有限的土地资源的巨大浪费，而且带来了严重的环境和安全问题。因此，加快尾矿的综合利用已迫在眉睫。地质行业更应充分利用地质学理论，提高综合利用过程中的决策水平和技术管理水平，开展尾矿综合利用关键技术和装备的研究，从而全面提升尾矿资源的综合利用水平。

我国的尾矿回收利用在地质学的引领下不仅创造了经济价值，也实现了社会价值，其丰硕成果表现在：促进了建筑行业的蓬勃发展，大部分尾矿都是以二氧化硅为主，并结合钙、镁、钾等氧化物，由于这个特点它经过粉碎和处理能够直接用于生产建筑材料；农作物增产效果显著，有些尾矿中含有植物生长所需的多种微量元素，经过适当处理可用作矿物肥料或土壤改良剂；改造生态和自然环境，如果将尾矿设立在盐碱地、低洼地等不良地区，则可以尾矿为基础，其上覆盖优质土壤，实现利用尾矿复垦植被的目的。

3.3 朴实无华的璞玉在地质鉴宝领域华丽转身

提及璞玉就会想到和氏璧，两位君王都被其石头状的外皮所蒙蔽，误认为献宝人送来的是垃圾，以普通石头充当宝玉，犯有欺君之罪，为此剁掉了献宝人的双足，后来证明此物是无价之宝。从引来杀身之祸到君王争相夺宝的和氏璧中蕴含着无穷的地质学奥秘。1921 年，地质学家章鸿钊老先生在《石雅》一书中，肯定和氏璧是产于荆山地区基性岩的月光石，即拉长石。楚文史学家、地质考古学家一致倾向此说。大部分学者都认为和氏璧为宝石性质的拉长石，具有碧绿和洁白的闪光，转动一定方向，方能出现。和氏璧是一种璞玉，璞玉是蕴藏有玉之石，未经雕琢之玉。因其外包石皮，内含玉质，矿物学称为璞玉，又叫作"石包玉"。其包含的地质学原理：从形成看，玉石大多来自地下几十千米深处的高温熔化的岩浆，这些高温的浆体从地下沿着裂缝涌到地球表面，冷却后成为坚硬的石头，在此过程中，只有某些元素缓慢地结晶成坚硬的玉石或宝石，且它们的形成时间距离我们非常遥远。璞玉是从原生玉矿上剥落的玉料，由于长期风吹日晒雨淋，外表形成了较厚的风化层，与一般石料很难区别。从价值看，璞玉只有在慧眼识珠的地质学者眼中或者通过地质仪器的验证才能实现其价值，这都需要严谨的地质理论基础做后盾，所以说，不识庐山真面目，只缘不悟地质学；从审美看，即使确定是璞玉，进一步挖掘其更大的经济价值和艺术价值需要地质珠宝设计者把握玉石的结构特征和纹理脉络特点后匠心独运的精心雕琢，正所谓玉不琢，不成器，只有借助强大的地质学功力，才能露出撩人心魄的艳丽面孔，引发出沁人心脾的独特内涵。

4 垃圾中孕育丰富的地质文化

地质工作者在探寻可燃冰、发掘矿物宝藏、改造尾矿、打造矿山公园等垃圾改造的过程中，挥洒了辛勤的汗水，点燃了智慧的火花，激发了创新的热情，提升了全新的理念，饱含了先进的地质文化。

4.1 垃圾中诞生的环保意识及生态文明理念

伴随着城镇化、现代化的进程和人口的不断增加，垃圾成了困扰环境的一大难题，人们不得不思考如何将这些地球负担变成社会资源，实现经济和社会的可持续发展。早在 1995 年，时任地矿部部长朱训就提出："协调人与自然的关系，开拓地学探索的新领域"。1996 年，第 30 届国际地质大会提出，地质学要从"找矿型"向"社会型"发展，地质学要关注环境、人口和资源问题。2007 年 10 月，生态文明写进党的十七大报告，这是我党科学发展、和谐发展理念的一次升华。2012 年 11 月，党的十八大把生态文明建设放在突出地位，提升到五位一体的高度。21 世纪是生态文明的世纪，地质学在生态文明时代可以大有作为。事实证明，只要经过合理回收处理，任何类型的垃圾都能"变废为宝"。正如意大利诗人但丁所言，"世上没有垃圾，只有放错地方的宝藏"。

4.2 垃圾中激发的地质科技创新意识

在我国经济高速发展的同时，也呈现了不少环境和地质问题，产生了大量的垃圾。这些严重环境问题，已经成为我国经济社会持续发展的羁绊，我们必须探索出一条减少垃圾排放、合理利用垃圾、垃圾变废为宝的可持续发展之路。这条路需要创新意识、创新精神引领，需要科技创新技术支撑，事实证明地质创新之路越走越宽，前景无限：地质学家正在探寻的新型清洁能源页岩气、可燃冰等脱颖而出；国家重点扶持的尾矿利用、绿色矿山公园建设卓有成效；地质垃圾中提炼出高科技工业材料广泛使用；全国范围开展的垃圾再利用创意大赛如火如荼等等，垃圾处理产业在创新意识的引领下，在我国著名科学家钱学森提出的"资源永续利用"的构思中方兴未艾。

4.3 垃圾中打造和传承了地质精神

丰富的矿产资源是我国十分宝贵的财富，如果沉睡于地下得不到利用就相当于是废弃的潜在的资源，这也被称为广义的垃圾，如何发挥其重要的价值作用，变废为宝，需要地质工作者勘查研究、找矿突破，所以垃圾的发掘、研究利用工作也可以引申为地质勘探工作，从中地质精神之花绽放。

地质精神指地质工作者在长期的地质建设中铸就的特有的精神品格和行为风范。新中国成立初期，中共第一代领导集体提出地质工作先行，毛泽东称地质工作队是"地下资源的侦察兵"，周恩来把铁路运输比作"先行官"，说比铁路还要先行的是地质工作。地质精神提炼和归纳为"先行精神"。改革开放后提出的"三光荣"精神、"四特别"精神，李四光精神、"二调精神"等，这些地质人躬身践行的行业特有的精神文化激励着几代地质人前赴后继，为祖国寻找宝藏，变垃圾为资源。在今天，地质精神仍然熠熠生辉，被赋予了新的时代元素，内涵更丰富，外延更拓展，成为推动我国地质事业发展的强大动力和力量源泉。

参 考 文 献

姜金琳. 2008. 地学文化普及教育的思考. 见:王恒礼等主编. 地学哲学与文化[M]. 北京:中国大地出版社.

褚庆忠.2009.地学文化的研究现状及发展趋势[J].文化观点,(14).

赵鹏大.2006.社会地质:发展地学文化的新基础[J].中国地质教育,(1).

曲业兵.2011.关于尾矿库的建设与环境保护问题的思考[J].环境保护与循环经济,(9).

罗生才.2015.尾矿综色合利用与绿矿山的建设方案研究[J].煤矿技术,(11).

朱训.1995.协调人与自然的关系开拓地学探索的新领域[J].自然辩证法研究,(8).

韦磊.2012.论20世纪50年代至70年代的地质精神[J].学理论,(1).

作者简介:刘澜(1966—),女,中国地质图书馆馆员。研究方向:科普、地球科学文化。通讯地址:北京市海淀区学院路29号,北京8324信箱;邮编:100083。Email:907316024@qq.com

刘登忠：40 载风雨地质路

杨 杨 沈 洁

人物名片：刘登忠，成都理工大学教授，生于 1950 年 7 月，四川泸州市人，中共党员。1977 年毕业于成都地质学院，曾任成都理工大学地质调查研究院副院长，四川省遥感专委会副主任委员。长期在青藏高原及周边地区从事遥感技术、区域地质及油气资源等方面的教学与科研工作。为本科生、研究生开设了《遥感地质学》《1∶5 万区调填图新方法》《遥感地学分析》《环境遥感》《1∶5 万区调中的遥感技术》《资源勘查中的遥感技术》等课程。多年来主持或参与国家计委、国土资源部、中国石油天然气总公司、国务院油气办等重大科研项目 15 项。科研成果获部二等奖 2 项、三等奖 1 项、四等奖 2 项。获成都理工地学科技成果一等奖 5 项、二等奖 3 项、三等奖 1 项。主编专著 3 部、发表论文 30 余篇。主编区域地质调查报告 6 部、中华人民共和国地质图（1∶50000、1∶250000）17 幅。

2015 年，刘登忠被评为"全国最美地质队员"。

在茫茫的高原深山，有这样一群人，他们迎着朝阳出发，背起馒头爬山，挑着仪器下山，踏着晚霞凯旋，头顶苍穹、脚踏荒原，战严寒、斗酷暑。他们就是我们身边平凡而又动人的地质工作者。

为进一步贯彻党的十八大精神，践行社会主义核心价值观，弘扬地矿行业"三光荣"（以地质事业为荣、以艰苦奋斗为荣、以找矿立功为荣）和"四特别"（特别能吃苦、特别能忍耐、特别能战斗、特别能奉献）精神，向杨衍忠同志为代表的地质工作者学习致敬，聚焦地球科学学院刘登忠教授，让我们一起去倾听他 40 载风雨地质路上的故事，倾心于地质事业和高校教育事业的过往与当下。

结缘地质：兴趣是最好的老师

1974 年，刘登忠 25 岁，有过知青经历的他被推荐为工农兵学员进入了成都地质学院找矿系学习深造。"我那时挺想考泸州医学院，想当医生，治病救人。"40 年后，作为我校一名地质学教师和地质科研工作者的刘登忠回忆起当年这样讲到。三尺讲台下已换了不知多少张青涩的面孔，雪域高原的生命禁区不知已经涉足多少次。医学和地质，两个八竿子打不着的工种，此刻的刘登忠回忆起来也只能感叹命运是一场无路可回无力反击的奇幻漂流。

就这样，从梦想的"白大褂"、"手术刀"变为现实的"冲锋衣"、"地质锤"，如此

117

的阴差阳错、机缘巧合，却在不知不觉中点燃了在他心中潜藏的对地质学的热爱和梦想。他自己也没有想到，干一行也就会爱上一行。

中学时期，刘登忠知识面就特别广，除了在课堂中学到的各种知识外，小小年纪的他就特别喜欢看各种地理著作，"那时候一般爱看《徐霞客游记》、《海底两万里》、《神秘岛》、《格兰特船长的儿女》，这一类书具有探险性，有科普味道。"故事中关于林肯岛经纬度的测量、花岗岩宫高度的确定、富兰克林火山的爆发等情节，涉及的数学几何知识、地理方位、地质知识的判断愈发激起他好奇的欲望，为他在日后的学习工作中奠定了良好的基础。电影里反映地质队员跋山涉水、踏遍祖国大好河山的场景，更让刘登忠对于地质事业的渴望和追求慢慢萌芽。中学时期地理老师讲授的天文知识他至今仍然可以熟练地背出来，眼神中充满着喜悦和成就感。

也正是因为这样的热爱，刘登忠非常珍惜在大学学习的机会。找矿系的实践任务是非常繁重的，在学习的 3 年间，刘登忠除了常规的专业知识学习，还和班上的同学在老师的带领下，常常去到安徽、云南等地的矿区进行实习。"那时候住的是 5 个人一间的工棚里，就搭在大山上，盖的还是草席，哪像现在这么好，想都没想过。"条件十分艰苦，但也扛过来了，长期的野外实践还赠予了他一副好身板儿和丰富的野外实践经历与动手能力。"我从未觉得学习是件苦差事，所以我学得很轻松，很自在。"

地质教学：带学生走最远的路

作为找矿系 4 个班里的佼佼者，怀着对地质工作的热爱，刘登忠 1977 年毕业就留在了母校任教。刚留校时，大量的教学任务和年轻的学生们也让他感觉到了沉甸甸的责任与压力。

20 世纪七八十年代，还是粉笔和黑板刷的时代。刘登忠每天都会提前备好课。课堂上，他一笔一画写板书，画草图向学生展现地质知识和地理地貌。后来有了幻灯机，看幻灯片讲述地质专业课成了刘登忠最时髦的课堂教学形式。

在刘登忠眼里，理论学习是基础，地质野外实习是真正的知识大课堂，所以他非常注重野外实践环节。工作的几十年间，刘登忠带着自己的学生到西藏、云南、四川等地实习，踏遍了西南地区的山山水水。在康定，他带着学生去走冰雪路，边爬山边给学生讲解地质地形，出野外的辛苦让很多学生有些吃不消，刘登忠却以实际行动去感染学生。爬山他总是走在第一个，跟在后面的学生他会主动去拉一把。"有懒一点的学生我就会带他们走最艰险、最远的路，这样可以磨炼他们的意志，年轻人就是要多磨炼才会成长。"苛刻的要求和严厉的爱看似不近人情却饱含深情。"刘老师现在带我们去野外实习都还是这样，别看他已经 60 多岁了，走路爬山都在我们前面。我们这些学生哪里还有理由偷懒。"地质系研二学生王德富说。

实践回来，刘登忠会在课堂上给学生展示野外地质风光片，告诉学生什么是三前断层、盆地边缘……学生通过风光片便一目了然，很快理解课本上许多枯燥的知识概念。《遥感地质学》《1 : 5 万区调填图新方法》《遥感地学分析》《环境遥感》《1 : 5 万区调中的遥感技术》、《资源勘查中的遥感技术》等课程受到了学生的欢迎和喜爱。

几十年的野外工作经验让刘登忠的教学得心应手，他认为当老师一定要有实践经验，不能照本宣科。"搞地质的人肯定要跟山打交道，因为世界上没有雷同的山，见得多了才知道其中的变化和规律，这样才能传授给学生知识。"刘登忠总结着自己的教学经验。由于长期从事野外教学工作，刘登忠自然也就积累了一套野外生存经验。为此，他还面向本院学生开设了野外生存讲座，讲述野外生存的经验和技巧。生动幽默的语言，活灵活现的案例深受学生们的喜欢。

在和学生的朝夕相处中，刘登忠把学生当成自己的孩子一般，用相互的尊重受到了学生的爱戴。虽然已经退休，带的学生也都已毕业，谈起学生，刘登忠的眼神还是透露出温情，如数家珍般的回忆和学生在一起的日子："学生也分很多类型，我觉得不能以成绩去衡量一个学生的好坏，全面的学生更有出息。"

远赴青藏：地质工作就是苦中寻乐

青藏高原被誉为"世界屋脊"，实际上是由一系列高大山脉组成的高山"大本营"，其复杂的地质构造和丰富的矿产资源成为很多地质工作者探索和研究的圣地。作为一名地质工作者，刘登忠的心里也有着一个"揭开高原神秘面纱"的梦想。到最艰苦的地方去，为国家地质事业做贡献是他最初的梦想和选择。

1996—1997年，为了挖掘和开发更多的矿产和油气资源，更精确地测绘出青藏地区的地理图形，刘登忠和他的队友们先后奔赴"世界屋脊"的屋脊——羌塘和"生命的禁区"——可可西里。放眼望去，冰雪荒原，几乎没有人烟，每一条路都需要地质队员们自己去开拓。

说起进藏，刘登忠打趣地说："曾经在进藏的途中遇到一个新华社的记者，他想跟随我们的队伍一起去羌塘无人区考察，可谁敢带他走啊，太大的风险了。那些年我们进羌塘搞研究的都不敢生病，因为至少要走出四五百千米才能找到医院。"

每年有整整3个月的时间刘登忠和他的队友们会待在青藏一线做地质研究工作，一个团队20多个人会分成很多小组，每天早上很早出去，沿途做填图研究、布置路线等工作，刘登忠作为团队里年纪稍长的地质队员，不仅要带领自己的小组完成研究任务，还要担心所有小组的安全。他非常照顾同事，往往最远最苦的地方总是抢着自己先去，在同事眼中，他就是个拼命三郎。在羌塘的时候，恶劣的天气和地理环境常常让地质队员们上山后就被困住，"下不了山的时候，我们一车人就在山上当'团长'。"记者不解，他随即解释到："因为高原缺氧，我们所有人只有在车上蜷缩成一团，所以我把它戏称为'团长'"。救援与被救援成为地质队常常经历的事情。2002年，刘登忠和陶晓风、马润则、赵兵、胡新伟等人野外考察的时候，车坏在扎布耶茶卡，一行人整整拖了一整夜才回驻地。"10余年来，工作离不开稳定的团队支持和帮助，和团队一起所经历的艰苦卓绝的野外考察经历成为我一生最难忘的记忆。"

"羌塘和可可西里无人区几百里路你都见不到一个人，当我们开车行进在路上的时候，会遇到狼和狗熊。尤其在晚上，四周黑压压的一片，却有很多双闪闪发光的眼睛，那就是野兽的眼睛。但是你不知道它到底离你有多远。"刘登忠谈到此处显示出一些兴奋，"其实我们都不害怕，因为这些野兽常年在这种荒原，连人是什么都不知道。"

在西南—青藏一线做调查研究，刘登忠用自己的专业知识和丰富的经验，和项目组一起先后完成了17幅中华人民共和国地质图的绘制，主编了6部区域地质调查报告。每一幅图的完成和调查报告的成形都花去了他很多精力和努力。在"西藏1∶5万措勤县南嘎仁错东部地区4幅地质矿产调查"这个研究课题中，刘登忠带领项目组成员克服了青藏高原高寒缺氧、交通极为不便、后勤保障异常艰难的种种困难，全面完成和超额完成了课题审批的设计工作任务。项目新发现了磁铁矿矿点2处、铜矿点1处、铁矿化点2处。总结了测区内的成矿地质条件和成矿规律，查明了地球化学异常较好矿点（矿化点）的空间分布规律。对区内的地质、物探、化探、遥感、矿产资料进行了综合整理，划分出了3个找矿远景区。

14年的青藏一线地质工作，经历了无数的困难和挫折，也让刘登忠收获了一笔精神财富。"其实搞地质工作就是苦中寻乐，就像我们去爬一座高山，爬山的过程非常辛苦，但是当你到达山顶的时候，那种一览众山小的感觉就会让你觉得很值得。所以做地质工作的快乐只有我自己可以体会。"在他踏遍的每一寸土地上，他找到了自己的人生价值。

当然，远离家庭远离亲人常年在外从事地质工作，时间久了思念无可避免。"都是自己的亲人啊，几个月不见，哪有不念不想的理儿。"话到深处，总是点滴浓情。"96年在羌塘，那时候1个月才能给家属用电台联系一下，听听电台那头熟悉的声音，报个平安，也就安心了！"而为了这一句平安，这简单的嘘寒问暖，家属们要在当时的行政楼里排上一两个小时的队，焦急等待之后，不少人拿起话筒，来不及开口就已经声泪俱下。

现在，刘登忠已经退休，但是闲不住的他依然在工作室忙着他和伙伴们的科研项目，常常跑野外出差，依然保持着工作状态。地质事业已经融进他身体里的每一个细胞，不知不觉便会跳动，奔跑。

40年，弹指一挥间。当年的帅小伙已经带上了厚厚的眼镜片儿，岁月带走青涩的面庞，留下了沉稳的性格和丰腴的人生积淀。刘登忠感慨道："我最喜欢最高人民法院的老院长谢觉哉的话，他说任何职业都不简单，如果只是一般地完成任务当然不太困难，但要真正事业有所成就，给社会做出贡献，就不是那么容易的，所以，搞各行各业都需要树立雄心大志，持之以恒，才会随时提高标准来要求自己。我做地质工作只想为国家做点事情。"

将科研成果谱写在遍布奇峰异洞的祖国大地上

朱德浩

（中国地质科学院岩溶地质研究所）

摘　要： 我国具有研究岩溶地貌和洞穴的极为有利的自然条件，建所40年，岩溶地貌景观与洞穴研究室老中青三代研究人员，在岩溶地貌类型划分、发育演化、洞穴学研究及天坑科学概念的形成等理论研究方面，取得了国际先进成果；为我国岩溶世界自然遗产、多个世界地质公园、国家地质公园的申报成功做出了重要贡献；对我国岩溶旅游资源，特别是洞穴的科学开发、利用和保护起有主导和不可替代的作用；洞穴专业委员会的建立和其有关活动的开展，有力地推动岩溶科学知识的普及、与国际洞穴探险组织的联系及国内群众性洞穴探险的推广。40年来，取得了在科学研究、社会效益、造福地方的经济效益等多方面的可喜成绩，真正做到了将科学研究成果谱写在遍布奇峰异洞的祖国大地上！

关键词： 岩溶地貌；洞穴学；世界自然遗产

我们伟大的祖国，领土辽阔，纵横万里。在这片神奇的土地上，碳酸盐岩总的出露面积为 $2.065 \times 10^6 \text{ km}^2$，占全国陆地面积的 21.5%，加上埋藏于地下的碳酸盐岩，可溶岩分布面积共达 $3.44 \times 10^6 \text{ km}^2$。从垂向看，世界之巅的珠峰由可溶岩组成，1960年我国登山队从珠峰采集到的八块岩石标本均为奥陶系石灰岩，而在南海发育有灿若明珠的无数珊瑚礁岛并在水下几千米深处蕴藏有丰富的碳酸盐岩油气藏。

南方黔、桂、滇、川、湘、鄂、粤诸省区为最重要的岩溶区。碳酸盐岩总的沉积厚度在 10 km 以上，几乎分布于各个地质时代。分布面积广大的碳酸盐岩、复杂的地质构造及其活动史为岩溶发育的多样性、复杂性提供了基础条件。在自然地理方面，由于我国国土辽阔，不仅南北方向纬度跨度大，而且东西方向地势相差悬殊、干湿程度差异很大，致使气候、土壤、植被类型众多。在如此复杂的地质、地理背景下，发育了多种多样的岩溶类型和千姿百态的岩溶地貌。其中的岩溶峰林地貌是世界上岩溶形态发育最好、科学价值最大、美学观赏价值最高的地貌类型。

1　我国岩溶研究的简要回顾

我国是一个历史悠久、古代文化光辉灿烂的文明古国。中华民族对岩溶认识、利用和改造的历史，早在遥远的古代即已开始。1973年长沙马王堆三号汉墓出土的古地图，即形象地绘出了湖南宁远县南部九嶷山的峰丛地貌，此古地图成图于公元前 168 年以前，是中国、也是世界现有的古典地图中最为古老的彩绘帛地图，该图用若干个柱状符号表示主要的石峰，用鱼鳞图形表示峰丛洼地，这幅图无疑是世界上最早的喀斯特地貌图。17 世纪中叶著名地理学家徐霞客，考察大自然达 34 年，现存 20 卷巨著——《徐霞客游记》，徐霞客晚年历时 4 年在中国南部岩溶区中徒步跋涉数万里，探察洞穴 300 余个，成为世界上岩溶地貌和洞穴学研究的先驱。

以现代岩溶科学的理论和方法研究中国的岩溶，当是开始于 20 世纪二三十年代，其中以周口店猿人洞的发掘、研究为代表，成就也最大。在这一时期我国一些著名的地质地理学家把现代岩溶科学引进中国，并作了有关岩溶的调查、研究工作，为我国岩溶研究打下了基础。如杨钟健等人在研究两广新生代地层时所做的岩溶发展史的研究（1935年），张文佑的"广西的石林"（1944 年），马希融"云南石林地形学上的初步观察"（1936 年），高振西对滇黔桂岩溶的调查及论文"喀斯特地形论略"（1936 年）等。

新中国成立后，随着中华文明古国的振兴，国民经济大发展，岩溶研究工作随之有了很大的发展。20 世纪 50 年代的成果，以曾昭璇的《论石灰岩地形》（1957 年）和陈述彭关于西南地区岩溶和桂林七星岩的研究为代表。这一时期，在全国地貌区划和各省区地貌区划工作中，积累了大量有关岩溶的资料。对我国岩溶研究的成果主要反映在 1961 年 2 月中国科学院地学部在南宁召开的"全国喀斯特研究会议"，会议收到论文 47 篇，会后出版有论文集。

总体看，20 世纪 50 年代和 60 年代，祖国山河得到大规模的整治、改造，在建设水利、水电、矿山、铁路、工厂、供水等工程中，在大量的岩溶调查、勘探和解决重大实际问题的基础上，对岩溶的认识不断加深，同时在这一过程中，也发现因为对岩溶基础理论方面研究的严重不足而导致生产实践中出现的许多问题得不到很好解决。

20 世纪 70 年代中期，虽然当时仍处于"文革"时期，但国家高层中的有识之士在 1975 年，仍将岩溶开发和研究列为国家重要项目，召开了全国岩溶 10 年规划会议，确定了全国 4 个重点岩溶研究区——贵州普定独山、湖南龙山的洛塔、山西娘子关、广西都安和桂林岩溶研究。同时，决定成立专业岩溶研究机构——岩溶研究所。很快，1976 年地质矿产部岩溶地质研究所在桂林正式建立。所以可以说，岩溶研究所的建立标示着党、国家和人民对岩溶工作的重视，寄托着对岩溶工作者的信任和希望！但是我们应当记住，当时我国的岩溶研究基本上是在与世界其他国家相隔离的情况下进行，特别洞穴学的研究基本上处于空白状态（古人类研究除外）。

随着"文革"的结束和"科学春天"的到来，我国近代岩溶学研究进入飞跃发展的时期，走上迅速追赶世界水平的快车道。这一时期的标志有：一是一批早期科学成果的出版：大型图册《中国岩溶》（中国地质科学院水文地质工程地质研究所，1976 年），《中国岩溶研究》（中国科学院地质研究所岩溶研究组，1979 年），《岩溶学概论》（任美锷、刘振中主编，1983 年），《应用岩溶学及洞穴学》（张英骏等，1985 年）。这一时期还出版了多种有关岩溶的科学普及书籍。二是加强国际学术交流，主要是欧美等国大量的岩溶学家纷纷来中国，特别是到桂林和贵州进行考察和学术交流。几乎所有世界最著名的岩溶学家都于 20 世纪 80 年代来过中国，访问过桂林岩溶研究所并作学术报告，有的学者连续 10 余年几十次来华讲学和合作进行科学研究。从 1978 – 1993 年 15 年间，国外学者来访和来桂参与合作考察和研究的共有 106 批 876 人次，我国学者出访 24 批 51 人次。三是开始举办国际性的岩溶专业学术会议，特别是 1988 年在桂林召开了第 21 届国际水文地质大会，中外代表共 470 人，出版英文文集上下册 1261 页。这些活动使得我国岩溶工作者迅速了解到世界岩溶前沿研究状况，不断拓宽我们的研究领域和科学视野。从而在我国极为有利的自然条件这块肥沃的研究土壤上，我国的岩溶研究的深度和广度都开始迅速发展。

经过近 40 年的发展，我国岩溶研究虽然和世界先进水平仍有一定差距，但在某些领域我们也取得了世界领先的地位。《中国岩溶学》《岩溶动力学》《碳循环》《现代岩溶学》的出版、若干国际对比项目的进行和两个省部级重点实验室的建立即是良好的标志。特别是 2007 年，联合国教科文组织第 177 届执行局会议决定国际岩溶研究中心落户桂林，2008 年 12 月 15 日正式在中国地质科学院岩溶地质研究所挂牌。2016 年国际岩溶研究中心又作为优秀的国际二级研究中心得到联合国教科文组织的表彰，更是岩溶研究所在学术方面取得重大成果的有力证明。

2 40 年来岩溶地质研究所岩溶景观和洞穴研究进程

本文不可能全面论述岩溶学的方方面面，只能以作者 40 年来所参与的岩溶地貌景观和洞穴研究室的工作作为实例，来探讨、回顾所取得的进步、创新和奉献精神，虽难免管中窥豹之局限，但愿对后人能有一些启迪作用。

从岩溶所建所开始，岩溶地貌和洞穴这一研究群体大致保持在 10 人左右，虽然规模不大，但老中青三代研究人员一直始终不渝地坚持这一研究方向，紧密结合国民经济的发展，深入发掘岩溶区丰富多彩的岩溶景观和地下洞穴资源，以用知识和智慧改变这些贫困地区的面貌为己任，从而在科学研究和造福一方民众两方面都取得一些令人欣慰的成果！

2.1 基础研究

科学研究最可贵的是创新，创新也是科学研究者应具有的最重要的品格。我国，特别是西南地区的独特的岩溶峰林景观及多种岩溶形态是进行岩溶研究的最好场所，这种基本条件是欧美学者所无法具备的。所以我们始终认为，中国的岩溶工作者有责任也完全有条件在岩溶研究中做出我们对世界应有的贡献。地貌景观与洞穴研究室的老中青几代人多年来在对中国岩溶峰林地貌、洞穴沉积物和形态学及天坑的发现和研究中，都始终贯穿着创新的意识，并且取得了一些具有世界水平的先进科学成果。

（1）岩溶地貌研究

桂林地区是世界上最重要的湿润热带亚热带峰林发育地区，岩溶峰林地貌是我国也是世界上发育最为完美、科学和美学价值最高的岩溶景观，受到全世界岩溶学者的高度关注。岩溶所在办公楼还未建好时，所进行的第一项重要研究课题便是由时任副所长的朱学稳先生负责的《桂林地区岩溶发育演化规律研究》，来自祖国各地的科研人员从碳酸盐岩、地层、构造、水文地质、工程地质、岩溶地貌和洞穴等多学科全方位的进行研究，取得许多重要发现，在1987—1988年间出版了10部系列专著。建所后的第一篇较为重要的论文是向第26届国际地质大会提交的《桂林地区的岩溶峰林地貌及其发育》（1980年地质出版社）一文，便是这一课题早期成果。《1988年》出版的《桂林岩溶地貌与洞穴研究》是这一时期研究成果的总结性专著，获部科技二等奖，在业内至今仍为重要参考文献。

欧美学者百年来所使用的学术名词"塔状喀斯特"和"锥状喀斯特"是源自百年前法国考察队对贵州和广西一带岩溶地貌进行考察后提出的（其影响局限于欧美地区，新中国成立前中国学者并不使用），但其远不如我国岩溶工作者在20世纪五六十年代所创造出的"峰林"和"峰丛"更为贴切。在对峰林地貌深入研究基础上，我们提出岩溶地貌组合形态（如峰丛洼地、峰林平原）概念，进一步将我国岩溶地貌类型划分为23个基本类型，这样详细的地貌类型划分是其他国家所未曾提出、也不可能提出的，因为没有任何国家拥有如此多样的岩溶地貌景观。在将"峰林（Fenglin）"、"峰丛（Fengcun）"这些汉化的名词术语推向世界并逐渐为国际同行所接受的同时，对峰林地貌的发育也提出"同时态演化"的学术思想，近年来对岩溶区洞穴特别是峰林平原中洞穴的大量考察获得了更多的证据，有力地支持了"同时态演化"发育模式。

关于峰林地貌的发育与形成，一个世纪以来，国内外学术界一直信守 W. M. DAVIS 地貌循环理论演绎而来的峰丛洼地→峰林平原→孤峰与残丘顺序演化的模式，并理所当然地认定这一顺序为青年→壮年→老年地貌形态序列。我们则认为，岩溶地貌的发育受制于多种因素，因此其发育也将是复杂的。在演化的分支点上，演化的途径将不是唯一的，而是视具体的内外力条件和所处的环境而存在多种可能的途径，在岩溶峰林地貌所具有的若干可能发展方向中，峰丛洼地和峰林平原是其中最典型最具代表性的两个方向。在不同条件下（如岩性不纯、构造上的差异、发育后期气候条件的变化等），它还可能发展成缓峰丛浅洼地、峰丘洼地、峰丛谷地、峰丛深洼、缓峰丛谷地、类峰林平原、残丘平原等不同类型。

（2）洞穴学的全面研究

20世纪70年代末期，洞穴学在我国基本处于空白状态。岩溶所地貌和洞穴研究群体，从一开始便将洞穴研究作为重点。当时洞穴对我们完全是陌生的自然对象，我们一方面阅读所能得到的英文和俄文洞穴文献，一方面虚心地向外国学者特别是牛津大学 Sweeting 博士学习，从认识溶蚀小形态和微地貌形态入手，再逐渐扩展到洞穴的其他方面。有了这些知识储备，我们在野外每见到洞穴，便深入其中，虽然当年装备极差，全靠手电筒或笨重的矿灯照明，在洞内啃的是干馒头，一天的野外补贴四角，洞穴工作时是六角。但大家对探索洞穴的热情依然饱满，对洞内见到的各种现象都详加观察，从而在桂林洞穴内发现了形形色色的洞穴小形态，许多罕见的形态如球穴，不仅在有水洞穴中发现，还在干洞中也有发现。对于纷繁复杂的洞穴次生化学形态，我们提出了科学、完整的分类方案，获得国内同行的广泛认可和运用。

由于受到探洞装备的限制，早期我们所能到达的洞穴多半是水平洞穴，长度也多在几千米。随着和国外洞穴探险队的合作的增加，在我国不断有新的长大洞穴被发现，地貌和洞穴室的中青年研究人员都积极参与其中，在我国已发现的 25 个洞道长度在 10 km 以上的洞穴中，洞穴室的探洞者直接参与的有 7 个；垂直深度超过 400 m 的 17 个洞穴中参与的有 8 个，洞穴厅堂面积超过 2 万平方米的 22 个大厅中参与探测的有 13 个。

洞穴探察和登山虽然同是勇敢者的事业和艰巨的科学考察，但两者又有所不同。在登山者的眼前，道路虽然异常艰险，但必然屹立着他们征途的终点——主峰，而深洞者一旦消失于洞穴黑暗中之后，他们并不清楚他们正在探查的洞穴究竟有多深，有多长，将会遇到什么样的难关障碍。他们称得上是名副其实的在黑暗中摸索前进、矢志不移的强者。但是对神秘的未知世界的探索总是和发现的欢乐联系在一起的。科学发现的快乐可以抵消任何过程中的艰辛！

艰苦的工作必然会有丰硕的收获作为回报。经过 40 年的努力，我们在作为边缘学科和综合性学科的洞穴学的诸多领域中都取得长足进展，现今对洞穴形态学、次生化学沉积物、洞穴年代学、洞穴医疗、洞穴环境监测、洞穴探险、洞穴成因及控制因素、建立全国洞穴资料库等方面都有可喜的进展。最近，通过现代最新年代学测定方法，我们取得了中国最古老洞穴年代数据。

（3）"岩溶天坑"（Karst tiankeng）科学概念的形成和应用

岩溶天坑是最为雄伟壮观的单体岩溶形态类型。对天坑的认识可以分为 3 个阶段，第一阶段开始于 20 世纪 80 年代对从四川省兴文县大、小岩湾（天坑）及其有关洞穴系统的探测研究开始；第二阶段最重要的天坑研究工作是 20 世纪 90 年代对重庆市奉节县小寨天坑的多次考察和探险，迄今为止，小寨天坑在规模和科学意义上仍雄踞世界天坑之首，天坑这一名词也来自"小寨天坑"这一地名，通过对小寨天坑形成条件、与地下河洞穴系统关系的研究使我们对天坑有了比较深入的认识；第三阶段发生在世纪之交，广西乐业天坑群被发现、被研究，才真正对天坑的科学内涵有了深入的、比较成熟的认识。前后历时 20 余年，至此，以朱学稳为首的研究群体连续发表了多篇论文，重点阐述天坑的科学含义、等级划分、成因类型和形成条件，并与国外天坑作了较详细对比，阐述了我国天坑的科学价值和旅游价值。同时出版了有关奉节、武隆和广西乐业天坑群的多本专著。2005 年组织了由多名国外岩溶和洞穴学者参加的国际天坑考察，并在桂林召开"国际天坑讨论会"，会后英国《Cave and Karst Science》与《中国岩溶》同时将这次考察的论文集以专刊发表。天坑这一新的学术名词在国际上开始更为广泛的流行和运用，是我国岩溶工作者对岩溶研究的又一贡献。

在国内，天坑名词的流行之快、获得应用之广泛都超过了我们的预期，全国各地陆续发现大量的天坑，总数可能已经逾千。这一事实说明：一个正确的新的科学概念的提出，就会引起一系列重要的发现和认识上的一次相对的飞跃，正是从种种新的假说、概念、范式在科学舞台上的更相交替，才有了科学的繁荣，从中也听到了科学前进的铿锵脚步。

2.2 申报世界自然遗产、世界地质公园、国家地质公园

世界遗产是具有特殊文化或自然意义而被联合国教科文组织列入世界遗产名录的自然区域或文化遗存。世界遗产体现了地球多样性和人类成就，它们是美丽与奇迹、神奇与壮丽、记忆与意义之地。简言之，它们代表了地球美好之最。世界自然遗产、世界地质公园的申报，让中国更多的地点进入遗产名录，绝不只是有意义的学术活动，更重要的是关系到我们国家的在国际上的地位、荣誉和责任。

从 20 世纪 80 年代开始我们就十分关注我国岩溶世界自然遗产申报工作，力推桂林市在这方面工作。自 2004 年住建部正式启动《中国南方喀斯特》世界自然遗产申报工作以来，我们以极大的热情、百倍的努力投入这项工作，除了参加《中国南方喀斯特》申报工作的专家组外，在全国 7 个遗产申报地中我们承担了其中 3 个地点的申报（由于人力不足，还放弃已经做过大量考察调查的广西环江的申报工作）。所承担的 3 个世界自然遗产申报地为：广西桂林、重庆武隆和重庆南川金佛山。桂林是我们的研究基地，20多年的研究，积累了大量基础资料；对重庆武隆的考察开始于 20 世纪 90 年代，在新世纪之初，曾系统地进行过深入研究并不断有新的发现；重庆金佛山的申报的难点在于如何深度地发掘其科学价值，评价其在世界岩溶研究中的不可替代的重要地位，并说服国际学术同行认同这些认识，经过深入考察、与国外最具影响力的学者的多次讨论和交流，使这一申报工作顺利进行。这些工作的完成充分体现了全室研究人员的勤奋、团结、钻研、创新的良好科学精神。

任何遗产地和世界地质公园的申报书都是科学研究论证的精品，都经过大量的先期科学考察、研究，申报书正是建立在这些细致的工作基础之上，完全可以说，每一份申报书都是一份高质量的科学专著。因为每一个世界自然遗产地与世界地质公园都是世界上同类型自然景观中最杰出者，它就必定是在几千万、几亿年漫长的地质历史中，在若干非常有利的地质、地理环境中经过非常复杂的发育史才形成现今的景观。这种发育过程和这些有利的发育条件都是大自然对这一地区的特殊恩泽。要真正了解大自然的奥秘就必须要进行大量的深入研究。每一个遗产地都蕴含有极其丰富的科学研究课题。对这些地区的研究成果也必将有更为普遍的科学意义。人类对大自然的认识总是无穷的，现在我们在武隆地方政府的帮助下，建立了岩溶所武隆野外研究基地，在桂林、金佛山乐业等地都有新的研究课题持续进行。

与世界遗产有大致相同意义的是世界地质公园、国家地质公园的申报。新世纪之初，我们就开始参加国家地质公园的申报。迄今，我们承担申报工作的广西乐业凤山世界地质公园和贵州织金世界地质公园都获得成功。现正在着手另外的世界地质公园的申报工作。我们承担和参与的国家级和省级地质公园申报有 20 处之多。研究室的一名中年洞穴学家已成为联合国教科文组织世界地质公园的专家组成员。

2.3 岩溶旅游资源的开发利用和保护

科学研究要和国民经济的发展、人民文化生活水平的提高相结合。这是时代赋予我

126

们的历史责任。岩溶地貌景观以其奇特、多样的空间形态充分表现出由于岩性特征、地质构造、岩层组合等多种地质要素在不同的气候条件下造就出的非同凡响的美学效果，有着各自独特的形象美、色彩美和意境美。应当在充分认识到岩溶地貌景观的科学价值和美学价值的基础上，科学开发这些珍贵的自然景观，因为它们都有有助于增进知识和启发心智的作用。

地表岩溶峰林和其他形形色色的岩溶景观以及地下那琳琅满目的洞穴奇景，都是大自然在千百万年中精心巧思杰构的雕塑珍品。它的奇巧令人惊叹，它的雄伟令人心魄震惊，它的精妙令人心醉神驰，它的变幻莫测令人难以置信。这样，岩溶景观和洞穴就成为重要的旅游资源。世界自然遗产地、世界地质公园、国家和省级地质公园的建立，都有力地带动了当地旅游业的发展，取得十分可观的经济效益。可以用重庆武隆县作为实例，以说明研究人员如何用自己的知识和劳动造福于地方，武隆地处穷乡僻壤，人口不到 40 万，20 世纪 90 年代初期，到重庆主城汽车要走上八、九个小时，成为国家地质公园和世界自然遗产地后，基础设施不断改善，现在从重庆到武隆只需一个半小时，按 4C 标准建设的仙女山机场正在建设中。2011 年国内外游客达 1329 万人次，国内旅游总收入达 65 亿元，县城新区正在建设完善中，武隆也成了国家 5A 景区，《印象武隆》的演出更增武隆的魅力。

以往洞穴研究者并不直接参与洞穴的开发，而在 20 世纪 90 年代初，朱学稳先生及时感受到时代的需求，敏锐地看到洞穴旅游有着极为远大的开发利用前景，带领洞穴室的研究人员将洞穴开发作为重要的发展方向。由于科研人员的参与，我国洞穴开发的水平有了明显的提高：有了经过科学测量的准确的洞穴图；对洞穴科学、美学价值有了正确的评价，从而对该洞穴的特点及在世界或中国洞穴中的位置（价值高低即影响力大小）有了准确定位；明确主要保护对象和应采取的保护措施。编写的讲解词都有两个版本，一为对一般游客的，一为着重于科学普及的讲解词。在全国已开发的约 400 个游览洞穴中，我们直接负责和参与开发的洞穴达五、六十个。有的洞穴成为世界自然遗产、世界地质公园、国家和省级地质公园、风景名胜区等的重要组成部分，每年取得的经济效益十分可观。

2.4 科学普及和洞穴专业委员会的建立

（1）科学普及

岩溶地貌景观和洞穴研究室甫一建立就将岩溶和洞穴知识的科学普及作为自己应负起的重要责任之一。20 世纪 80 年代，我们写了很多保护洞穴，介绍洞穴学知识的文章，发表在科普读物和各级报刊；研究并推动全国性徐霞客对岩溶学和洞穴学贡献的科学考察活动，在岩溶研究所办公楼前竖立起全国第一座徐霞客塑像，时任地质部部长孙大光亲临揭幕式并撰文刻石；旗帜鲜明地大力反对盗卖洞穴钟乳石的不法行为；在世界遗产、各级地质公园申报的同时，协助地方建立起以科学普及为宗旨的展览馆；作为科学顾问协助上海科教电影厂拍摄大型科教片《中国岩溶》（1987）和中央四台八集电视片《中国岩溶之旅》（1996），《中国岩溶》一片在国际洞穴大会上获一等奖，该片向世界展示了中国岩溶的全貌；近年来协助、参与拍摄的中外科教片更是不胜枚举；撰写出版了《中国溶洞》、《洞穴探险》等科普书籍。

（2）成立中国地质学会洞穴专业委员会

在岩溶专业委员会和岩溶地质研究所的积极努力下，1990年9月11日中国地质学会批准《关于成立全国洞穴研究会的报告书》，全称是"中国地质学会洞穴研究会"（后更名为洞穴专业委员会），任命了学会的机构与组织成员，明确挂靠在中国地质科学院岩溶地质研究所。

洞穴研究会的建立，让更多专业人士和热爱岩溶科学的非专业人士有机会参与有关洞穴的活动，现有注册会员近2000人，团体会员20余个。该会基本上每年召开一次全国性洞穴会议，与会者总数已逾二万人次，每次年会，除学术报告外，都组织有科考活动，开会的地点涵盖10余个省区。

洞穴专业委员会成员应邀出访英国、爱尔兰、美国、法国、匈牙利、奥地利、古巴、斯洛文尼亚、澳大利亚、韩国等国。在国内组织了2005年、2008年的国际天坑考察。召开了伦敦2004年的"中国洞穴"国际讨论会和桂林2005年"国际天坑讨论会"，均产生了重要的国际影响。

洞穴专业委员会和洞穴研究室共同组织了30余次中外洞穴探险考察活动。国际合作涉及英、爱、法、美、俄、斯、澳、日、韩、波、西、意、新、奥、捷克等10多个国家。活动地点遍及广西、贵州、云南、湖南、重庆、广东、湖北、辽宁、四川、西藏等省市区，探测洞穴数百个，总长度逾千千米。目前，在欧洲及国际的许多重要洞穴研究会议上，都有中国洞穴议题。

结　语

40年来，我们10余人考察的足迹遍布全国各地，东起台湾太鲁阁大理石大峡谷，西到青藏高原，北至黑龙江，南达海南岛。我们开发的洞穴和参与建设的世界遗产地和地质公园分布在祖国20个省市自治区。可以说，我们做到了将科研成果谱写在遍布奇峰异洞祖国的大地上！

虽然岩溶地貌和洞穴研究工作有了长足的进展，但还有很多岩溶资源等待我们去发现、认识、开发利用、造福人类。西藏高寒岩溶、数以万计的地下洞穴、岩溶区旅游资源的保护和可持续发展，以及岩溶发育理论研究、洞穴成因和发育分布规律研究都还是现存的薄弱环节。我们深信，大自然赋予我国如此有利的岩溶发育条件，留下了丰厚的供我们进行研究的有趣又有意义的课题，我们定然不会辜负大自然的恩泽，将我国岩溶地貌景观和洞穴研究推进到世界前列！

弘扬地质精神　争做地质环境保护技术尖兵

王明君　麻　茹

（内蒙古自治区地质环境监测院　呼和浩特　010020）

摘　要： 矿山地质环境研究室是一只年轻的队伍，他们用行动践行并传承着"三光荣"精神。他们艰苦奋斗，积极做好技术支撑工作。他们乐于奉献，以献身地质事业为荣。

关键词： "三光荣"精神；艰苦奋斗；矿山地质环境；青春奉献

1　百年地质，光荣传承

1912 年"中华民国"设置了地质机构，中国开始了自己的地质调查工作，新中国成立后，随着地质调查大规模的开展，取得了丰硕的地调成果，中国的地质科学得到了极大的发展，1983 年 3 月 21 日，原地质矿产＋部在北京召开的全国地质系统基层模范政治工作者表彰大会正式提出，要在全国地质系统开展"以献身地质事业为荣、以艰苦奋斗为荣、以找矿立功为荣"的"三光荣"教育活动。从此，"三光荣"精神传遍神州大地，它召唤、凝聚了一代又一代有志之士，为祖国地质事业的发展、繁荣，奉献着自己的力量……"三光荣"精神是地质文化的核心：地质工作是地质人的生命意义所在，艰苦奋斗是地质人的行为风范，找矿立功是地质人的价值追求。短短 3 句话，从人生观、行为模式和价值追求 3 方面概括了地质人在艰苦环境中所追求的崇高境界，徐绍史部长指出，"三光荣"精神教育，是我们最大的文化建设，要加以总结、提炼、传承、弘扬，同时要与时俱进地改革创新，时光荏苒，地质精神已传承百年，而现在地质精神也在以她新的方式、新的面貌绽放着不息的活力。

内蒙古自治区地质环境监测院矿山地质环境研究室（以下简称矿山室），是最有战斗力的团队；他们，平均年龄不足 30 岁；他们，是奋战在地质环境调查前沿的新锐；他们，都在用行动践行和传承着"三光荣"传统。秉承着"三光荣"精神，紧紧围绕十八大"生态文明"的主题，践行内蒙古自治区生态文明建设、构建资源节约型与环境友好型社会、促进自治区经济社会可持续发展的思路，围绕着全区矿山地质环境的保护与治理，贴近配合各级国土资源行政主管部门的监督管理，积极做好技术支撑工作。矿山室自成立以来，连续多年获得内蒙古自治区地质环境监测院"先进集体"称号，更在 2016 年获得内蒙古自治区总工会评定的"工人先锋号"。

矿山室主要承担了全区矿山地质环境调查评价和综合研究，编制全区矿山地质环境保护与治理规划，并协助主管部门对全区矿山地质环境应急调查、调研、检查、数据统计和资料汇总等工作。负责完善和维护全区矿山地质环境相关数据库，负责全区生产矿山地质环境治理的检查、监测，保证金管理与信息采集工作。同时与科研院校合作，逐步开展矿山地质环境相关技术方法的评价研究工作。

2 弘扬地质精神，做好技术支撑

那些日子，他们挑灯夜战，那些日子，他们废寝忘食，那些日子，他们任劳任怨，那些日子，他们休假不休班；数据核实了又核实，方案推敲了又推敲，图件修改了又修改，文字斟酌了再斟酌，他们不辞劳苦，不计得失，把技术支撑工作当成神圣的使命，以最高的标准把技术支撑工作做到完美无瑕。让青春在地质行业拼搏，让青春在地质行业绽放，让青春在地质行业中开花结果，这是一种无上的荣誉！

矿山室围绕院地质环境技术支撑工作推进计划，全面完成了与矿山地质环境相关业务支撑工作。完成相关材料40多份，仅2015年度就形成文字材料近14万字，同时完成《内蒙古自治区矿山地质环境治理办法》（内蒙古自治区主席令实施）的起草和两个技术标准的制定工作，《办法》的出台，在全国亦属首个省级的矿山地质环境治理办法，其为加强全区矿山地质环境治理项目管理，确保矿山地质环境治理工作的有序开展，有法可依，同时确保我区矿山地质环境工作和各项职责全面落实到位起了重要作用。

2.1 全区矿山地质环境动态监测

自2010年起，矿山室系统性建立了内蒙古自治区的矿山地质环境动态监测数据库，肩负着全区5000多个矿山的地质环境动态监测工作。通过开展全区矿山地质环境动态监测及动态监测网络直报工作，进一步摸清矿山地质环境问题及其危害，掌握第一手矿山地质环境动态变化数据及保证金实施总体情况，预测矿山地质环境发展趋势，为合理开发矿产资源、保护矿山地质环境、开展矿山环境综合整治、矿山生态环境恢复与重建、实施矿山地质环境监督管理提供基础资料和依据。

2.2 生产矿山地质环境管理

为全面贯彻落实《内蒙古自治区矿山地质环境治理办法》，全面做好矿山地质环境治理工作，进一步加强和规范各级国土资源管理部门对生产矿山地质环境治理工作和生产类土地复垦工作的监督管理，每年行程近5万千米，配合国土资源行政主管部门，通过实地监督、检查及指导，扭转了全区的矿山地质环境的发展趋势，由原来年破坏面积大于年治理面积转变为现在的年破坏与年治理总体平衡、历史遗留矿山地质环境治理面积减小、矿山地质环境发展总体好转的局面。

2.3 矿山地质环境应急调查

配合国土资源厅执法局进行了全区矿山地质环境执法调研及矿山地质环境应急调查。

完成了乌拉特后旗东升庙矿区、乌兰察布市丰镇石材矿区、阿拉善左旗铁龙公司闫地拉图铁矿区等多个矿区的应急调查工作，对应急矿山进行了现场指导和解决实际问题。

3 勇于承担，争做地质环境保护技术尖兵

"晴天一身汗，雨天一身泥"是他们工作真实的写照，大雪纷飞、寒冬腊月的呼伦贝尔有他们不畏严寒、艰苦奋斗的身影，漫天黄沙，骄阳七月的阿拉善有他们无惧酷暑、苦中作乐的足迹。冬雪夏雨，春华秋实，迎着寒风，沐浴着星光，无数个日日夜夜辛勤的工作与探索铸就了矿山室辉煌的成绩，当一个个塌陷变回成草原，当废弃的采坑变成农田，当一个个排土场不再扬尘四起，当一个个沙坑变成校园里靓丽的景观湖……他们耐得住在深山大川中的寂寞，一丝不苟地开展地质调查，克服科研的枯燥一步一个脚印地出科研成果，他们有崇高的艰苦奋斗的思想觉悟！

矿山室自 2004 年成立以来共承担国家级、自治区级计划项目 22 项，其中大区域地质环境调查类项目 10 项，规划编制类项目 4 项，矿山地质环境图系编制类项目 1 项，矿山地质环境相关探索研究类项目 7 项。

通过调查对全区矿山存在的环境地质问题进行了初步总结，基本摸清了我区矿山地质环境的现状，查明全区矿山地质环境问题影响。建立了全区矿山地质环境信息系统。为实施全区矿山地质环境动态监测提供了坚强的技术支撑，为矿山环境监督管理和恢复整治提供了科学依据。

完成了第一轮、第二轮、第三轮全区的矿山地质环境保护与治理规划的编制，分别明确"十一五"、"十二五"、"十三五"期间全区矿山地质环境保护与治理的工作目标和任务，在认真总结矿山地质环境保护与治理规划执行情况基础上，正确分析全区矿山地质环境现状和治理现状，立足新起点，应对新的矿山地质环境形势和变化，为规划期内的矿山地质环境保护与治理工作明确了方向。

自 2012 年起，矿山室转变了以矿山地质环境调查为主的工作思路，逐步与科研院校密切合作，开展矿山地质环境相关新技术、新方法的研究工作，取得了丰硕了成果。通过合作研究，矿山室第一次将地面塌陷的发育规律、治理模式与植被的破坏及恢复结合研究，系统总结了内蒙古自治区的地面塌陷的发育规律和治理模式；第一次以环境地质学、生态经济学、恢复生态学为理论基础，系统研究不同类型矿产资源勘查和开采对大兴安岭林区生态环境的影响。探讨适合林区特点的矿产资源勘探开发方式和配套技术，为林区矿产资源勘探开发条件下，生态环境保护、恢复和重建提供理论依据与技术支撑；建立自治区第一个矿山地质环境动态监测示范区；第一次进行了多矿区的矿山地质环境承载力综合评价研究；第一次开展了全区性的矿山地质环境动态遥感监测，有效提升了矿山地质环境监督管理水平，成为矿山地质环境监测、管理的又一新方法的应用，这些研究成果的取得，得到了国内相关院士及多名知名专家一致肯定及大量的技术支持。

此外，矿山室利用计划项目的空余时间，设计部分典型矿区的矿山地质环境恢复治理，本着因地制宜、效益优先、节约成本的原则，为该类型矿山地质环境治理起到了典

型示范作用，如呼和浩特市大学城废弃砂坑、乌拉特后旗东砂坑的治理，考虑其靠近居民地，回填成本大的因素，因地制宜设计成为景观湖、公园，充分利用了其区位优势产生了良好的社会效益；宝日希勒矿区地面塌陷的治理则考虑了其危险性及附近土源的可取性，进行了废弃土回填种草，恢复成了原来的大草原；金盆矿区的废弃采砂场则考虑其现状特征，进行了就近平整，恢复成了农田，产生了良好的社会经济效益。这些成果的取得为自治区的矿山地质环境恢复治理起到了重要的示范推动作用。

4 凝心聚力，和谐圆梦

作为普通的地质工作者，他们是平凡的人，虽然在平凡的岗位上，但是他们用自己坚持不懈的精神和勤劳的双手创造出不平凡的成绩，为祖国创造成绩，让人民收获利益。在艰苦的年代需要"三光荣"精神，改革开放的年代更需要"三光荣"精神；工业化时代需要"三光荣"精神，知识经济时代同样需要地矿"三光荣"精神。

"三光荣"精神是"地质之魂"，把矿山室打造成了一支特别能战斗的功勋卓著的英雄队伍。"以献身地质事业为荣"体现了奉献精神，它要求他们热爱地质事业，献身地质工作。"以艰苦奋斗为荣"体现了创业精神，它要求他们从国情出发，正视地质工作的客观环境和生活条件，发扬艰苦创业的精神。在物质生活上要勤俭节约，艰苦朴素，反对铺张浪费；在劳动态度上要吃苦在前，享受在后；在进取精神上要有奋发向上，勇于改革，善于探索；在品格风貌上要提倡先人后己，廉洁奉公，是"三光荣"精神的核心。"以找矿立功为荣"体现了奋斗目标，为国家和人民找大矿、找富矿，提供充足的矿产资源。

时光荏苒，岁月如梭，转眼间矿山室已然度过 12 载，穿越春夏秋冬，他们一向挂念着集体，还需要什么？职责浇灌着忠诚，他们不断提醒自己，还能多做些什么？他们秉承"三光荣"精神，信奉"凝心聚力，和谐圆梦"的团队理念，他们遵循"大局为上，协同作战"的团队准则，始终耕耘在矿山间，勤勉于环境保护与治理中。他们也许会错过很多假日，但他们没有错过与优秀做伴，没有错过与卓越相随。凝心、聚力，一起乘着"三光荣"精神的巨舰圆我们共同的地质梦！

作者简介：王明君（1986—），男，内蒙古自治区地质环境监测院。研究方向：矿山地质环境、水文地质。

我国古代文学作品中的地质学萌芽

谭正敏

（中国地质图书馆 北京 100083）

摘 要：现代意义上的地质学作为自然科学的一个分支，19 世纪中叶在欧洲兴起，并由西方传教士带进中国。但是，人们对地球的认识源远流长，在曲折的历史发展进程中，原始朴素的地质知识逐渐形成，这一点从我国古代文学作品中可见一斑。早期文学作品对地质现象、地质知识、地质生活等均有所记载，体现了古代人们对自然界最朴素的认知。

关键词：中国；古代文学；地质科学；萌芽

现代意义上的地质学作为自然科学的一个分支，19 世纪中叶在欧洲兴起，并由西方传教士带进中国。但是，人们对地球的认识源远流长，在曲折的历史发展进程中，原始朴素的地质知识逐渐形成，这一点从我国古代文学作品中可见一斑。

1 地质知识的初步掌握

1.1 我国古代文学作品中对地质现象有所描述

在古代，人们在生产生活的过程中，会经历地震、洪水、泥石流、火山等地质灾害，与之抗争，并试图解释、寻求自保，许多文学作品中都对这些地质现象和过程进行了描述，原始朴素的地质知识逐步积累萌芽。《诗经》作为我国第一部诗歌选集，收录了从西周到春秋时期的诗歌作品，跨越大约 600 年。《诗经》分为"风""雅""颂"3 个部分，"风"包括 15 个地方的民歌，"雅"是宫廷音乐，"颂"是宗庙用于祭祀的音乐。其中最早的作品大约成于西周初期，据《尚书》记载，《诗经 豳风 鸱鸮》为周公旦所作。《诗经·小雅·十月之交》记载了洪水暴发情景，有了关于地壳变动的认识："烨烨震电，不宁不令。百川沸腾，山冢崒崩。高岸为谷，深谷为陵。"这首诗形象地描写了山洪暴发或是伴随泥石流、滑坡发生时景象：雷电交加，大雨倾盆，地动山摇，河流汹涌，泥石滚滚而下，高地变为沟谷，深谷变成了高山。

唐代是我国古典诗歌的高峰，许多诗歌作品对地质现象有所描述。韦应物是当时著名的山水田园派诗人，诗风恬淡高远，他的一些诗歌作品中蕴含了一定的地质科学思想：《咏珊瑚》（绛树无花叶，非石亦非琼。世人何处得，蓬莱石上生）一诗中提到珊瑚非石亦非琼，珊瑚是珊瑚虫群体或骨骼化石，因其外形像礁石，很容易被误认为是岩石类，从诗中可以看出，当时人们对珊瑚的性质已经有了一定的认知。韦应物的另外一首作品《咏琥珀》（曾为老茯神，本是寒松液。蚊蚋落其中，千年犹可觌）写出琥珀本是松树汁液，蚊虫掉落在松脂中，千百年后成为生物化石，树脂也变成了琥珀，这已经与现代地质学对琥珀形成的解释基本一致。岑参在《走马川行奉送封大人出征西行》一诗中这样描写到："轮台九月风夜吼，一川碎石大如斗，随风满地石乱走。"诗中写石随风走，这是风力的搬运作用。白居易的《浪淘沙》"一泊沙来一泊去，一重沙灭一重生。相搅相淘无歇日，会教山海一时平"体现海浪的冲蚀作用和泥沙的搬运作用。

还有许多诗描述了大自然沧桑巨变，虽然诗人主要是为了感叹时光易逝、世事难料，但是从中也能够看出当时人们已经观察到一定的地质现象，并有了一定的正确认识。像晚唐诗人胡玢的《庐山桑落洲》"数家新住处，昔日大江流"，刘希夷《代悲白头翁》"今年落花颜色改，明年花开复谁在？已见松柏摧为薪，更闻桑田变成海"体现对地壳变动的认识。李白《日出入行》（日出东方隈。似从地底来。历天又复入西海，六龙所舍安在哉？其实与终古不息，人非元气，安得与之久徘徊）认为日出日落是自然规律，而非神在操纵，人不能违背和超脱自然规律，只有顺应自然，同自然融为一体，体现了朴素的地学唯物思想。

这些文学作品，虽然只是对地质现象的描述，但毕竟，科学认知就是在朴素的积累中逐步萌芽的。

1.2 我国古代典籍记载了一定的地质知识

早在春秋战国时期人们就已经掌握一定的矿物、水文知识，许多古籍中都有记载。

古人很早观测到地震与日相、月相变化的关系以及地质灾害的预防。《诗经·小雅·十月之交》"日月告凶，不用其行……彼月而食，则为其常。此日而食，于何不臧"，是说日月出现凶兆，不按规律活动出现反常。"哀今之人，胡憯莫惩"的意思是可恨当政者，竟然不曾有警戒。这说明古人已观测到日相月相的变化，地质灾害发生之前会有异常现象发生，地震、泥石流等地质灾害是可以预警的。虽然不免带有迷信色彩，但也在一定程度上反映出古代地学思想的萌芽。

《山海经》是一部富有神话色彩的现存最古老的地理书籍，大约成书于战国时期，对于我国古代历史、地理、文化、交通、民俗等研究均有重要参考价值。其中《山经》部分主要记载地理、动植物和矿物的分布情况，记载了金、玉、石、土等多种矿物，"又东三百七十里曰杻阳之山，其阳多赤金，其阴多白金"；"又东四百里曰洵山，其如多金，其阴多玉"；"又东五百里曰鹿吴之山，上无草木多金石"等。

《尚书》一般认为成书于战国中期，书中也有一些富于科学性的记载，"禹贡"部分记述了多种矿物，"厥贡惟金三品……砥、砺、砮"等，还提到了铅（即锡）、铁等。还记述了不同地区的不同土质，"厥土惟"白壤、黑坟、涂泥、青黎、黄壤等。还记述了许多不同水系的方位、流向等，如兖州进贡船只"浮于济漯，达于河"，荆州进贡船只"浮于江、沱、潜、汉，逾于洛，至于南河"。

春秋时期齐国政治家、思想家管仲，被誉为春秋第一相，《管子》记录管仲及管仲学派的言行事迹，大约成书于战国至秦汉时代。其中第77篇"地数"中有对矿物的记载："上有丹砂者下有黄金，上有磁石者下有铜金，上有陵石者下有铅、锡、赤铜，上有赭者下有铁……上有铅者其下有银"，论述了金属矿产的共生关系。管子甚至还论述了矿权管理问题，他认为"苟山之见其荣者，君谨封而祭之"，意思是发现山上有矿苗，国君应该严格封山布置祭祀。否则，"蚩尤受而制之……是遂相兼者诸侯九……是遂相兼者诸侯十二。故天下之君顿戟一怒，浮尸遍野。此见戈之本也"，这种矿权分散的结果就是大战的根源。

《水经注》是公元6世纪北魏郦道元所著，是我国古代一部较为完整的以记载河道水系为主的著作，具有极高的地理、历史、文学价值。"因水以证地，即地以存古"。涉及大量水文地质知识，记载了河流的干流、支流、伏流、河谷宽度、河床深度，水位季节变化，含沙量等情况，比如，"浙江又东北得长湖口，湖广五里，东西百三十里。沿湖开水门六十九所，下溉田万顷，北泻长江"；"弱水注入流沙，流沙，沙与水流也"等。

关于石油的记载最早可以追溯到东汉时期。东汉班固在《汉书 地理志》中提到上郡高奴县"有洧水，可燃"。北宋时期著名政治家、科学家沈括，曾任延州知府，在他所著的《梦溪笔谈》中更是有专章论述石油（延州石液），记述其产地、形态、用途，以"石油"名之（"鄜延境内有石油，旧说高奴县出汁水，即此也……"），并预言"此物后必大行于世"。沈括还观察到传统采集松木烟炱制墨，是一种掠夺性资源使用，对环境破坏严重，"今齐鲁间松林尽矣，渐至太行、京西、江南，松山太半童矣"，并写有《延州诗》（二郎山下雪纷纷，旋卓穹庐学塞人。化尽素衣冬未老，石烟多似洛阳尘），记录了石油燃烧制墨产生大气污染的情况。

2 对地质生活的描述

我国古代文学作品中有许多涉及地质生活的描写。

西汉司马迁所著《史记》是我国第一部纪传体通史，记载了上起传说中的黄帝下至汉武帝元狩元年共3000多年的历史，包罗万象，是一部历史价值、文学价值都很高的综合性著作，被鲁迅先生誉为"史家之绝唱，无韵之离骚"。其中《货殖列传》专门记叙从事货殖活动的杰出人物，反映了司马迁的经济思想。司马迁所言货殖的意思是谋求"滋生资货财利"以致富，包括各种手工业、农、牧、渔行行业业，其中更有矿山、冶炼等的经营。司马迁提到了矿物分布及储量："江南出金、锡、连、丹砂、犀、玳瑁、珠玑、齿革"，"铜铁则千里往往山出釭置，此其大较也"。"豫章出黄金，长沙出连、锡，然堇堇物之所有，取之不足以更费"。《货殖列传》所载从事货殖活动的杰出人物，许多都是从事冶炼行业的，"请略道当世千里之中，贤人所以富者，令后世得以观择焉"，"蜀卓氏之先，赵人也，用铁冶富"，"程郑，山东迁虏也，亦冶铸，贾椎髻之民，富埒卓氏，俱居临邛"，"鲁人俗俭啬，而曹邴氏尤甚，以铁冶起，富至巨万"。

唐代长安附近蓝田县以采玉著名，县西三十里蓝田山（又名玉山）的溪水中出产名贵玉石蓝田碧，但山势险峻，开采玉石十分困难，甚至会有生命危险，唐代一些诗人以此为背景描写采玉生活，反映采玉民工的艰苦劳动和痛苦心情：韦应物《采玉行》（官府征白丁，言采蓝溪玉。绝岭夜无家，深榛雨中宿。独妇饷粮还，哀哀舍南哭），李贺《老夫采玉歌》（采玉采玉须水碧，琢作步摇徒好色。老夫饥寒龙为愁，蓝溪水气无清白。夜雨冈头食蓁子，杜鹃口血老夫泪。蓝溪之水厌生人，身死千年恨溪水。斜山柏风风雨如啸，泉脚挂绳青袅袅。村寒白屋念娇婴，古台石磴悬肠草）。

唐诗人郭震《古剑篇》（君不见昆吾铁冶飞炎烟，红光紫气俱赫然）描述了古剑用昆吾所产精矿，冶炼多年而铸成。

李白《秋浦歌十四》有这样的描写："炉火照天地，红星乱紫烟。赧郎明月夜，歌曲动寒川。"秋浦在今安徽贵池区，是唐代银和铜的产地，这首诗描写了冶炼场景，赞美了冶炼工人豪爽乐观的形象：炉火熊熊燃烧，红星四溅，紫烟蒸腾，冶炼工人一边劳动一边唱歌，红彤彤的炉火照映红了他们的脸庞，也照亮了广袤的天地。

这些古代典籍，是我国文学史上的光辉篇章，既有极高的文学价值，也有着极高的科技价值，闪烁着地质科学的星光，对于我们研究中国地质学史、科技发展史具有重要意义。

参 考 文 献

俞平伯，等. 2004. 唐诗鉴赏辞典[M]. 上海：上海辞书出版社.

王恒，毕孔彰，忻梅. 2008. 地学哲学与地学文化——全国地学哲学委员会第十一届学术会议论文集[C]. 北京：中国大地出版社.

陈襄民，等. 2000. 五经四书全译[M]. 郑州：中州古籍出版社.

李仲均，等. 1985. 中国地质学家人名录[J]. 武汉地质学院学报，(2)：161～164.

康育义. 2001. 论地质科学与中国古代文学艺术[J]. 淮南师范学院学报，(23)：16～19.

全唐诗(上下册)[M]. 1986. 上海：上海古籍出版社.

作者简介：谭正敏 (1969－)，女，中国地质图书馆，高级教师。研究方向：地学文化。通讯地址：北京市海淀区学院路 29 号，北京 8324 信箱；邮编：100083。电子信箱：tzming@163.com

一摞泛黄纸几多地质情

——读《温家宝地质笔记》

张百忍　　徐梦华

（中国地质图书馆　北京　100083）

适逢地质调查工作开展百年之际，拿到了这本厚厚的《温家宝地质笔记》，确实是沉甸甸的，这个沉甸甸不仅仅是因这部书是由温家宝总理的 45 本笔记整理而成，更是因为那一页页泛黄的笔记和地质图，激起了几代地质工作者共同的记忆，让人们看到了地质人为国计民生奔赴险地的担当和情怀。

1　似水年华：投身旷野献青春

作为一名年轻的地质工作者，翻开这本书的第一感觉是亲切，书中的地质剖面记录、剖面图、柱状图、野外素描图等地质资料让笔者重回了大学时代相对艰苦而又充实的生活。看着这本记录了温总理过往地质生活的书籍，映入脑海的不是野外测量剖面、地质填图的灰头土脸，不是室内米格纸上的挥汗如雨，而是回首足迹踏过险境的欣慰，手捧成果图件的喜悦。

1968 年，26 岁的温家宝同志刚刚大学毕业，就挤上了驶往兰州的列车，从此一头扎进了祁连山脉的崇山峻岭之间，将最美好的青春挥洒在烈日下、山涧中。整整 6 年的时间，他扎扎实实跑路线，认认真真做笔记，从那些精准的地质图件中，我们仿佛看到了风华正茂的地质队员正在标位置、采集样品、填地质图的背影，从那些工整的记述中，我们仿佛走进了一个年轻人面对艰难困苦、面对干扰诱惑时坚定的内心。"我平静从容地面对艰苦，在困难的环境中保持尊严，保持心灵的纯净和美好，把希望寄托在明天。这样的内心，有着常人的愿望和追求，也有着神仙般的诗意和广阔。"这就是一个地质前辈的情怀，也是数代地质人的默契！

生活的窘迫、工作的艰险与青春的热血、自然的风光交融在一起，交织出一代大国总理胸怀天下的抱负，交织出一代代地质儿郎乐观和坚忍不拔的精神，交织出一曲曲为国寻宝的凯歌奏响在山河之间！这就是野外地质工作的魅力。然而，由于现在工作性质的细分，许多地质工作者和笔者一样，进入到管理或后备保障系统工作，没有机会再赴野外一线了，但心中的热血未泯，地质人的精魂未散！在捧读这部笔记的同时更加怀念那段在野外从事地质工作的日子，也更加佩服温家宝同志在祁连山区进行野外地质工作的 6 年经历，敬佩他把似水的年华献给了祖国的大好河山，敬佩他将宝贵的青春留在了迷人的旷野，敬佩他用坚毅的笔为自己也为无数地质人写下了永恒的纪念。

2 脚踏实地：米格纸上画河山

合抱之木，生于毫末；九层之台，起于累土。温家宝同志为何能从一位普通的地质队员成长为中华人民共和国的总理，这部笔记似乎给出了答案。

首先，擅记。每个人的人生经历都是丰富多彩的，都是一本书，但有几人能够详实地记录？而温家宝同志却能坚持将自己的生活和工作用笔记的形式详实地记录下来，仅从事地质工作期间的就有 45 本，有野外地质工作的一线记录，有从事具体管理岗位的心得体会，有进入领导岗位的调研思考，有平时的学习研究……这不得不让人感慨，一个人，在他或安静或繁华的生活之余，挤出时间记录下过往的点点滴滴，当他回忆往事的时候，不仅有照片印证曾经的年少风华，更有自己亲手写下的文字刻画他一路走来的风景，仅此一项，也不枉平生了！

其次，擅思。温总理的笔记中多次体现了他习惯性并且善于倾听其他同志对野外地质现象的意见，弄清事实和证据，了解各类地质现象产生的环境和历史，进而思考合理的解释。

如 1972 年他在南九个青羊工作区检查煤矿的时候，同事们对于该区域的地质构造都纷纷发表自己的意见，而温总理则不急于下结论，而是在他们各自表述根据之时，一边听，一边画素描图，并分析认为"这样复杂的构造，使得相对柔软的煤层变得极不稳定，煤层的层数与厚度均不易测准。"并在笔记中记下："煤层，由于构造复杂，不十分清楚，于剖面处估计约有四层"。这样谨慎的思考和不武断的下结论，是时时处于危险之中的野外地质工作必不可少的品质。

然而，谨慎并不是一味地沉默，在有了自己的思考之后更要勇于表达自己的见解，这也是我们在温总理日记中常见的记录，如 1983 年元月 4 日的一篇，温总理记录了自己在地矿部一次重要会议上，不盲从、不苟同，勇于表达自己对体制改革见解的事情，并总结到："一个好的干部，无论什么时候，无论什么问题，无论什么场合，都要敢讲真话，这样做于国家于人民有利，于自己也无害。那种一味迎合领导的'奴相'是可鄙的。我尊重领导，但从不迎合。"由此，我们又看到了一个地质行业出身的领导与生俱来的正直、果决和自信。

温总理的记录，不是流水账，不是情绪的宣泄，而是以事实为基础的自我反思和提醒，他从现象中分析本质，从事件中寻求规律，从失误中总结经验。这都为他日后游刃有余管理和领导工作积累了宝贵的财富，也是当代地质人应该学习的地方。

第三，善始善终。一个人擅写、擅思就已经足够优秀了，更何况他还在这写的过程中一丝不苟、追求完美，我们从温总理极其工整认真的野外笔记中看到了这种善始善终的范本，这是一再让笔者感叹的地方。众所周知，野外工作条件很差，大部分情况下只能把野外笔记簿放在手臂上，才能书写，在如此条件下，能把笔记做得如此工整，实属不易。我们还看到温总理在各种米格纸上画的地质图都很精密、干净，做过室内绘图工作的都知道，米格纸是1×1毫米的小格子，眼睛盯的久了会发酸，会影响制图的准确性，笔者自己的经验是，绘图那几天，即使盯着白墙看，也会觉得上面有米格。米格纸精度那么高，冬天太冷，手硬，要想掌握精度难度很大；夏天又很热，害怕汗水浸湿米格纸，就要完全架着胳膊，眼睛几乎贴在米格纸上作图。可想而知，温总理把笔记和图件做得那么工整和清晰，这需要多少常人没有的定力、耐心和毅力啊！而这份定力、耐心和毅力背后，正是他对地质工作怀有的挚爱、珍惜乃至信仰。

从一个在米格纸上画河山的普通地质队员，变成一位真正指点江山的国家领导人，一路走来，温总理用文字留下了自己的生命轨迹，用责任和奉献践行了自己常说的格言：脚踏实地，仰望星空！用不凡的人生经历彰显了地质人传承百年的精气神！

3 砥砺奋进：传承百年地质魂

温总理的笔记是写给自己的，但翻阅的过程中更像是品味一位年逾古稀的智者留给年轻人的谆谆教诲。70余载风雨人生，温总理伴随着地质事业的起起伏伏，伴随着共和国的繁荣昌盛，经历了太多的磨炼，太多的考验。但从他的笔记中，我们很少看到焦虑、不安、浮躁，更多的是自我反思和鼓励，如1983年元旦写下的："活着一天就要奋斗一天，生活就要做生活的强者，因而要不倦地学习，有计划的学习。"还有他日记中经常出现的为国奉献的信念和决心："人只有献身社会，才能找出那实际上是短暂而有奉献的生命的意义"（1979年3月21日）。"立大业必须有大志，实现自己的目标更要有非凡的勇气和极顽强的毅力。我将为祖国奋斗一生，并将此精神留给我的儿女"（1981年4月7日）。

诸如此类的话，太多太多，我们由此看到了一个地质儿郎仗剑走天涯的壮志豪情，看到了一位领导人治国理天下的鞠躬尽瘁。无论何时，无论何地，温家宝同志都把自己的工作和国家的命运结合起来，充满信心地努力，这就是新形势下非常值得我们学习的地方。

当前，地质行业又迎来了一个新的循环周期，行业发展面临瓶颈，地质人自身的经济、家庭等压力比较大，很多人出现了浮躁的情绪，工作中也出现消极现象，但看看温总理的笔记，感受着他是如何从艰难困苦中走出来的，回顾以往李四光、章鸿钊等地质先行者是如何在荒芜中开拓前进，为百年地质事业打下坚实基础的，我们又有什么可抱怨的呢？当前的条件比之前不知强了多少倍，我们更应该加倍努力工作，无论平台大小，都坚定不移地做好本职工作，在工作中多听取同事的意见，反思自己的问题，总结经验和教训。一屋不扫，何以扫天下？温总理也是从一个普通的地质队员成长起来的，只有在自己的工作岗位上踏踏实实地做出成绩，不断提炼自己，才能让自己的能力上升到更高的层次，才会获得更广阔的平台和视野。

新形势下传承百年地质精神，还需要一种"仰天大笑出门去，我辈岂是蓬蒿人"的自信，不妄自菲薄，不自卑怯懦。这也是温总理笔记中体现出的地质精神。地质儿郎就是一个萝卜一个坑，跑野外的能在一线建功立业，做情报的能及时捕捉国外先进技术为我国找矿实践提供决策和技术支撑，做管理的也能为整个行业发展提供良好的政策和后备服务，谁也无须羡慕谁，谁也不能鄙视谁，谁都应该相信自己能在本职岗位上做出无可取代的成就！地质事业已经历了一个世纪的洗礼，如同一位阅尽沧桑的老人，她积累了太多的经验和智慧，我们需要在她的指引下，团结一心，砥砺奋进，共同开创下一个辉煌的百年！

古人提倡"三不朽"：立德、立功、立言，前两者的高度太难企及，但"立言"却是众多文人墨客的第一要务，温家宝同志的这部笔记虽与文人刻意写文章不同，但也可谓"言得其要，理足可传"了，即使其中的言论不能成为普世真理，但这种记录人生的方式足以成为后世学习的楷模。更何况，这其中体现出的勤奋、坚韧、谦卑、踏实等做人做事的美德足够成为新形势下弘扬地质行业精神的范本，足够成为当下年轻人的警示恒言。

一摞泛黄纸，几多地质情。温总理的字字句句如同春日的雨滴，落在纸上，润进心中，和百年的地质老人一样，指引着我们前方的路。

习近平调查研究方法对地质工作的启示

王光霞

（长江大学马克思主义学院　荆州市　434000）

摘　要：今年是中央地质调查所创所 100 周年，地质调查就像'十月怀胎'，而对调查研究的方法，习近平指出，调研工作务求"深、实、细、准、效"，调查研究是谋事之基、成事之道。毫无疑问，习近平的论述对于做好地质调查研究工作，营造践行地质工作者核心价值观的氛围，仍然具有很强的指导意义。

关键词：习近平；调查研究；地质工作

1916 年 1 月 4 日，政事堂奉令："著照所请，改成专局"。于是地质调查所 2 月 2 日正式升格为由农商部直属、独立核算的地质调查局。从 1916 年算起，地质调查工作已经走过 100 年的历程。调查研究，包括调查与研究两个环节。调查研究的根本目的是解决问题，而重视调查研究，是我们党在革命、建设、改革各个历史时期做好党群工作的重要传家宝。早在 20 世纪 30 年代，毛泽东就提出了一个重要的命题："没有调查，就没有发言权"。"调查就是解决问题"。解决问题就像'一朝分娩'。习近平同志 2011 年 11 月 16 日在中央党校秋季学期第二批入学学员开学典礼上的讲话指出，调查研究能力是领导干部整体素质和能力的一个组成部分。由此可见，习近平的论述对于做好新形势下的地质调查研究工作，仍然具有很强的现实启示。

1　作讨论式的调查，加强地质文化建设力度

作讨论式的调查主要是调研工作要求"细"，就是要认真听取各方面的意见，既听取干部汇报，又听取群众反映，既听取正面意见，又听取反面意见，深入分析问题，掌握全面情况。

地质工作的对象就是大自然，是认识自然和改造自然。当今的地质找矿工作，本着绿色环保理念，并不是在野外采集地质标本、简单地记录各种各样的地质现象，而是要充分利用信息技术手段。由此可见不开调查会，不作讨论式的调查，只凭一个人讲他的经验的方法，是容易犯错误的，开调查会作讨论式的调查是必要的。调查会人多好还是人少好？看调查人的指挥能力。那种善于指挥的，可以多到十几个人或者二十几个人。究竟人多人少，要依调查人的情况决定。但是至少需要 3 人，不然会囿于见闻，不符合真

实情况。只有这样才能近于正确，才能抽出结论。

目前的地质勘探工作要与环境保护结合起来，树立大局观念和可持续发展的观念。那种只随便问一下子，不提出中心问题在会议席上经过辩论的方法，是不能抽出近于正确的结论的。进行调查研究，习近平指出，要放下架子、扑下身子，深入田间地头和厂矿车间，同群众一起讨论问题，倾听他们的呼声，体察他们的情绪，感受他们的疾苦，总结他们的经验，吸取他们的智慧。既要听群众的顺耳话，也要听群众的逆耳言；提交讨论的重要决策方案，应该是经过深入调查研究形成的，有的要有不同决策方案作比较。

搞好调查研究，一定要从群众中来、到群众中去，广泛听取群众意见。胡锦涛同志在党的十七届六中全会上再次明确要求，各级党委要立足我国社会主义初级阶段基本国情，以宽广的眼界观察世界，组织力量开展调查研究。地质工作者常常为了复杂的地质问题，展开平等的交流与探讨，地质工作是在调查研究过程中，根据不断地综合研究所获得的认识来指导下一步工作，具有很强的探索性。

2　要定调查纲目，推进地质文化建设纬度

定调查纲目主要是求"准"，就是调查研究得出的结论要科学、准确，不仅要全面深入细致地了解实际情况，更要善于分析矛盾发现问题，透过现象看本质，把握规律性的东西，提高调研结论的科学性。

矿产普查勘探工作一直是地质工作的主要内容。但随着现代科学技术的进步，地质工作正以比过去远为迅速的步伐向深度和广度发展，水文地质、工程地质、海洋地质、地震地质以及地下热能的开发利用等，均成为地质工作的重要方面。由此可见纲目要事先准备，调查人按照纲目发问，会众口说。不明了的，有疑义的，提起辩论。所谓"调查纲目"，要有大纲，还要有细目。调查研究要找准问题、有的放矢。习近平也指出，在提高调查研究内容的针对性上下功夫，从而真正把调查研究作为我们了解情况的过程，推动工作的过程，联系群众、为民办事的过程和自我学习提高的过程。

地质研究中常常利用物理的、化学的知识手段，探索岩石的组织结构和内部演化，是寻找矿藏的关键步骤。关于研究内容的针对性，调查人员以年龄说，老年人最好，因为他们有丰富的经验，不但懂得现状，而且明白因果。有学问、有经验的青年人也要，因为他们有锐利的观察。地质矿产普查勘探工作既是一个由面到点，由表及里，由浅入深的连续的调查研究过程，也是一个人类认识的发展过程。学哲学、用哲学，是党的一个好传统。2013 年 12 月，习近平总书记在中央政治局第十一次集体学习时指出，马克思主义哲学深刻揭示了客观世界特别是人类社会发展一般规律，在当今时代依然有着强大生命力，依然是指导共产党人前进的强大思想武器。

对多数调研成果而言，提高针对性也就意味着时效性。胡锦涛总书记在十六届五中全会上的重要讲话中明确指出，"要勇于探索、敢于攻坚、善于创新，分析新情况，把握新特点，提出新思路"。贯彻这一要求，必须把有针对性地开展调查研究放在重要位置。实践表明，我们的地质调查研究要围绕中心工作，贴近实际、贴近群众、贴近决策，忙

在点子上，谋在关键处，学真理。只有这样，才能通过纷繁芜杂的地质现象，探究蕴藏在地球深部的科地质勘探过程。

3 要亲身出马，提炼地质人精神

亲身出马主要是求"实"、求"效"。求"实"就是要调查研究的作风要实，做到轻车简从，简化公务接待，不搞层层陪同，不给基层增加额外负担，真正做到听实话、摸实情、办实事。求"效"，就是提出解决问题的办法要切实可行，制定的政策措施要有较强操作性，做到出实招，见实效。

地质工作环境的特殊性，在野外从事勘探工作，努力寻找"地下宝藏"，是"要尊重事实，不能胡乱编造理由来附会一部学说"，要老老实实地通过地质标本、地质现象，进行仔细观察、深入分析。调查研究一定要从客观实际出发，毛泽东同志 1930 年在寻乌县调查时，直接与各界群众开调查会，掌握了大量第一手材料，诸如该县各类物产的产量、价格，县城各业人员数量、比例，各商铺经营品种、收入，各地农民分了多少土地、收入怎样，各类人群的政治态度，等等，都弄得一清二楚。这种深入、唯实的作风值得我们地质工作者学习。习近平也指出，现在的交通通信手段越来越发达，获取信息的渠道越来越多，但都不能代替领导干部亲力亲为的调查研究。因为直接与基层干部群众接触，面对面地了解情况和商讨问题，对领导干部在认识上和感受上所起的作用和间接听汇报、看材料是不同的。

众所周知，铀是一种放射性极强的化学元素，当中国的第一颗实验原子弹升空形成壮观的蘑菇云时，很少有人知道，李四光挺起科学的脊梁。毛泽东也讲过，凡担负指导工作的人，一定都要亲身从事社会经济的实际调查，不能单靠书面报告，因为二者是两回事。——要自己做记录。调查不但要自己当主席，适当地指挥调查会的到会人，而且要自己做记录，把调查的结果记下来。假手于人是不行的。

习近平指出，20 世纪 60 年代初，为了度过当时国民经济的严重困难，全党同志就当时一些重大问题同时开展调研，结果很快就形成了解决一系列重大经济社会问题的正确决策，使困难局面迅速得到扭转。对地质工作者来说，在实地勘探中，深入实际、详细观察并记录特定区域内的岩石特性和地质地貌特征。深入群众，多层次、多方位、多渠道地调查了解情况。无疑，这样的调研会给我们留下了宝贵经验。

4 要深入调查，弘扬地质事业精神高地

深入调查主要是求"深"，就是要深入群众，深入基层，善于与工人、农民、知识分子和社会各界人士交朋友，到田间、厂矿、群众和各社会层面中去解决问题。

地质工作所需的各种地质理论及有关的自然科学理论与勘探技术方法，如地球物理勘探、地球化学探矿、地形测量、钻探工程、山地工程、岩矿测试、遥感探测、数学地质乃至地质资料的综合研究等，都在日新月异地发展，是地质工作的重要内容。初次从

事调查工作的人，要作一两回深入的调查工作，就是要了解一处地方（例如一个农村、一个城市），或者一个问题（例如粮食问题、货币问题）的底里。毛泽东同志很重视典型调查，是进行典型调查的行家里手，但是他也审慎地看到典型调查成果适用范围有限，告诫我们"不要陷于狭隘的经验论"。习近平指出，我们既要抓点、搞好典型调查，同时也要注重提高调查研究对象的广泛性，不能以点盖面，以偏概全，只见树木，不见森林。

地质科研工作则贯穿在各阶段之中。习近平指出，对热点问题以及领导关注的重要问题，必须集中力量，快速反应，及时调查，积极为领导谋思路、出点子、想对策、拿建议、解难题，满足领导的决策之需。"文当其时，一字千金"，"生逢其时"才能"谋当其用"，倘若时过境迁，工作重心转移，才慢腾腾地拿出调研成果，即使写得全面、正确、深刻，也为时已晚，难有大用。

20世纪50年代，当时有专家认为中国是一个贫油国，李四光和其他地质学家一起，进行深入的科学攻关，终于发现了中国最大的油田——大庆油田，由此可见，调查结束后一定要进行深入细致的思考，进行一番交换、比较、反复的工作，把零散的认识系统化，把粗浅的认识深刻化，直至找到事物的本质规律，找到解决问题的正确办法。

最后，调查研究方法也要与时俱进。习近平指出，在运用我们党在长期实践中积累的有效方法的同时，要适应新形势新情况特别是当今社会信息网络化的特点，如问卷调查、统计调查、抽样调查、专家调查、网络调查等，进一步拓展调研渠道、丰富调研手段、创新调研方式，学习、掌握和运用现代科学技术的调研方法，并逐步把现代信息技术引入调研领域，提高调研的效率和科学性。使调查研究真正成为各级领导干部自觉的经常性活动。

结语：我们党有重视调查研究的优良传统，在新的形势下要大力弘扬。陈云同志说："领导机关制定政策，要用百分之九十以上的时间作调查研究工作，最后讨论作决定用不到百分之十的时间就够了"，调查研究是一个提出问题、分析问题、解决问题的过程，要在实践中不断健全完善，这对地质调查工作也是很有指导意义的。

作者简介：王光霞（1971—）女，汉族，湖北汉川人，现任职于长江大学马克思主义学院思想理论课部讲师，研究方向：党史党建。

通信地址：湖北荆州长江大学马克思主义学院思想理论课部王光霞（收）　邮编：434023

电子邮箱：wgx0618@126.com　　　　联系电话：18986661971

新媒体时代如何传播地学文化

李 瑞

（中国地质调查局地学文献中心　北京　100083）

摘　要：本文对地学文化的概念进行了阐述，指出一些学者的看法并给出自己的理解；简要介绍了地学文化的产生及发展情况，认为地学文化的起源很久远，对新时期地学文化的传播形式进行了重点介绍。

关键词：地学文化；新媒体时代；传播

1　何为地学文化

随着科技的进步和社会的发展，地学文化的建设和传播也迎来了新的契机。在谈地学文化的传播之前，必须先厘清地学文化的概念。对于地学文化的认识，已经有一段时间，很多学者都提出了自己的观点。

王春华提出，"地学文化以地球科学为主体，以包含在地学史、地学人物、地学思想、地学理论、地学事件、地学景观中的精神文化的现象为内容，是一种特殊的人文资源"[1]。

张彦英指出，"地学文化是人地和谐的文化，既是人地关系发生发展的内在规律的表述，又是人类认识地球、利用环境、调整人地关系的准则，也是协调人与自然和谐发展，谋求人类可持续发展的文化意识形态"[2]。

黄顺基认为，"地学文化是人类在研究、开发和利用地球资源过程中所形成的物质成果和精神成果的总和，它是人地关系在文化上的反映"[2]。

忻梅、王恒礼将地学文化定义为："地学文化是地球科学及地球系统科学的文化观，是人类认识、开发、利用地球，与地球相互依存而诞生的文化形态，包括土地文化、地貌景观文化、地质文化、矿业文化、海洋文化、环境文化、生态文化、自然遗产文化、珠宝文化、赏石文化、地学科普文化等"[2]。

从上述论述可以看出，大家的表述不一，对地学文化的定义内涵外延虽略有出入，但是对其理解都差不太多。我们在对几个学者的定义分析之后，可以这么认为，地学文化是文化的一种，是人们长期与地球打交道的过程中所形成的文化。广义说来只要是和地球相关的文化，都可以叫做地学文化。其实文化的形成有其自身规律，是人类文化的一部分, 是社会文明的必然产物, 也包含了地学精神。

2 地学文化的产生和发展

地学文化的产生有数千年的历史, 其实农耕文明可以作为开端, 土地的利用作为地学文化的重要组成部分, 从其起源开始, 人类就不断孕育土地相关的文化, 土地的利用可以作为地学文化的萌芽和起源。

再接下来, 人类社会进入各种金属时代, 比如青铜器时代和铁器时代, 炼铁炼铜的兴起, 必然少不了对铜矿和铁矿的寻找和发掘, 在这样的过程中就会自然而然地形成矿产文化或者地质文化。再往后就是煤和石油的时代, 蒸汽机的发明和应用使得煤的使用量大增, 机器时代到来之后石油成为了一种新的能源被人们所追求。石油的记载, 在宋代沈括的梦溪笔谈中已经有记载, 当时已经有了初步认识, 当然, 这样的认识也会随着实践的进行而逐步提高。

随着工业革命时代的到来, 环境逐步恶化, 给人们的生命和健康带来极大的威胁, 人们对于环保的重视也被提上日程。随着科学的发展和社会的进步, 人们在生态认识方面积累了丰硕的成果, 这样的过程中必然伴随着环境文化的形成。

整个人类过程也少不了与自然灾害做斗争的历史, 在与自然灾害做斗争的过程中, 人们逐渐形成了一些经验, 进而形成对抗自然灾害的认识, 再逐步发展成科学, 当然这个过程中也逐渐形成了独特的防灾文化。

时至今日, 人们已经形成了门类齐全的地学学科, 当然同时形成的还有与各学科对应的地学文化。新的历史条件下, 我们应以发展的眼光来看待地学文化, 来完善地学文化。

3 地学文化的传播内容及对象

3.1 地学文化的内容

地学文化的内涵决定了其传播内容, 根据其内涵, 地学文化的传播内容应该包含与地球科学相关的众多内容, 比如地球科学（包含地质学、土地学、海洋学等众多学科）、地球科学史、地学工作者精神及其传承、地学工作者的各种逸闻趣事。

3.2 地学文化的传播对象

地学文化传播的对象, 应该是有所侧重下的广泛传播, 这里的侧重应把地球科学工作者作为重点, 同时, 兼顾其他群体, 包括学生、市民、企业工作者、机关工作人员及农民等。

其实, 地学文化的内容决定了传播对象, 不同的对象也要求我们有不同的内容。

地球科学的系统知识, 主要通过课堂文化的方式来传播, 其对象只能是地学相关专业的大学生，包含一部分高职高专学生。

地球科学中的与生活相关的不是特别专业的知识，则可以面向广大的人民群众，这些知识贴近生活，实用性强，趣味性强，可以制作成各种科普知识广为传播。

地学工作者的精神及逸闻趣事，则可以在一些地质工作者中进行传颂，激发其地质工作的热情，提升工作动力。当然，相关专业的大中院校学生，也可以作为传播对象。

4 新媒体时代如何传播地学文化

文化只有得到很好的传播，才能茁壮成长，才能更有生命力，地学文化的广泛传播，对于地学工作者传播地学知识，推广科普文化，传承地质精神等具有重要作用。如何才能更好地传播地学文化，我认为传统的方式和新的传播方式应该相结合，拓展宣传渠道，选好宣传内容，找好宣传对象，做到多种方式共同起作用，把我们的地学文化推广开来，发扬光大。

4.1 地学知识进校园

近些年，地震、洪灾、泥石流等自然灾害频发，而人们在防灾知识方面又比较缺乏，将这些预防灾害的科普知识引入校园，对于孩子遇到自然灾害时的自救，具有重要作用，而校园又是人口密集区域，便于知识的快速传播。

那么地学知识该如何进校园，一方面可以加大与学校的合作力度，通过定期不定期选派优秀科普推广员的方式以讲课或者实际逃生演练的方式，让学生们快速掌握各种知识和技巧。同时，环保的意识也可以从小学生开始普及，让其植根于孩子们的心中。

而对于大学生，除了专业的地学系统科学知识外，则更多的是对其进行地学精神等方面的宣传，介绍地质先辈的高尚情操和地质精神，助其人文精神的培养。

4.2 地学科普展览

每年可以专门性的在特定区域组织开展科普展览，展览的内容可以有文字内容，也可以有视频等内容，展览的内容应该通俗易懂，并且展览区域应由专门的人员进行讲解。至于时间地点的选择，时间上可以选择每年的世界地球日，以便于更多的人参与到活动中来，地点则选择一些大的广场或者室内场所。

展览作为一种推广地学文化的常规形式，仍然具有重要的作用，但是为了效果最大化，在展览之前，一定要做好宣传，并且对展览的内容进行仔细的挑选，以便于让观众能够容易接受，可以是科普知识，也可以是地学工作者的先进事迹或者逸闻趣事。如果有条件的话，可以设置一些地质灾害过程的3D模拟，提高大家的直观感受。

4.3 纸面媒体和电视媒体的合理利用

尽管当今新媒体发展势头很猛，但是电视和纸面媒体仍是主流媒体，利用好传统宣传阵地，对于地学文化的传播具有至关重要的作用。通过名师讲坛、动画展示以及纪录片等内容相结合的方式来宣传地学文化，传承地学精神。

其实，很多栏目都做得很好，值得我们学习，比如百家讲坛、舌尖上的中国。可以用生动活泼的形式讲出地学的奥妙，也可以用动画的形式演示地质过程。

也可以和报社合作，开辟一些专栏或者版面，比如中国矿业报和中国国土资源报等报纸都可以是我们的合作对象，在其上开辟地学文化的讲座或者版面，来推广地学文化。

4.4 利用网络方式进行得学文化的推送

这里提到的推送，主要指电子邮件，QQ群，微信群等方式来把地学知识、科普内容及其他的地学文化相关内容发送给特定或不特定的群体。

在推送之前，必须选好相应的内容，因为推送的群体很有限，如果内容上不能吸引人，那么很有可能会被当成垃圾邮件或者垃圾内容而被屏蔽。所以内容的选取就显得至关重要，要能吸引人。

4.5 网络专栏

可以与一些大的门户网站合作，开辟专栏。利用大的门户受众广的特点，提升受众人数，让更多的人能看到这个专栏，进而了解这个专栏。专栏的内容可以分为几块：科普知识、地质逸闻趣事、地质精神传承等。可以以文字和视频音频相结合的方式存在。

此外，也可以单独设立科普网站，加大宣传，让更多的人去了解网站，了解地学文化的相关内容。但是一定要注意及时更新内容，不要让其成为休眠网站。

4.6 微信公众号

微信作为一种新的沟通方式，公众号成为很多单位机构推广自己的有效方式，作为一个公众号，是承载地质知识，传承地质精神的重要方式，我们可以将其作为我们的一个阵地来宣传地学文化。

其实，每种传播方式都不是孤立的，我们应该将各种方式结合起来，共同发挥作用。

5 小结

地学文化源远流长，作为地学文化的创造者和传播者，我们应以更宽的视野、更大的气魄、更高的境界来认识地学文化、理解地学文化、传播地学文化。

传播地学文化，应坚守传统媒体的阵地，也应利用好新媒体的便利，把多种传播方式结合起来，共同为传播地学文化服务。

海平两岸阔，风正一帆悬。处于这么好的历史时期，拥有这么好的条件，我们地学知识的传播定能得到更好的发展，也定能为我国地学事业的发展添砖加瓦，促进我国地质事业的行稳致远。

参 考 文 献

［1］　王春华. 被忽视的地学文化. 防灾博览，2006(5)：22.
［2］　王恒礼，等. 地学哲学与地学文化[M]. 北京：中国大地出版社，2008.

　　作者简介：李瑞（1983—），男，中国地质调查局地学文献中心。所学专业：地球化学

章鸿钊与地质事业

万京民

（中国地质图书馆，北京　100083）

章鸿钊先生（1877—1951）为我国著名地质学家、地质教育家、地质科学史专家，中国科学史事业的开拓者。字演群，1877 年 3 月 11 日生于浙江吴兴县（今浙江省湖州市），1951 年 9 月 6 日卒于南京。

章鸿钊是中国近代地质学奠基人之一，他早期创办了农商部地质研究所（地质讲习班），为我国培育了第一批地质学家，其中许多人成为我国早期地质工作的主力。他从近代地质科学角度研究了中国古籍中有关古生物、矿物、岩石和地质矿产等方面的知识，撰写《三灵解》《石雅》《古矿录》等著作，开我国地质科学史研究之先河，具有广泛的影响。与其他地质学同仁一道参与筹建中国地质学会，并任首届会长，为我国地质界一代宗师。

章鸿钊先生幼时家境小康，共有兄弟 4 人，姊妹 3 人，他排行第三。1882 年 5 岁时进入他父亲章蔼士所开的蒙馆读书，由他父亲授读"四书"、"五经"约六七年，奠定了他坚实的汉学基础。17 岁时，自习钻研算学，到 21 岁时便辑成《初步综合算草》一册。章鸿钊后来进而研究科学，自习算学实为始基。

1899 年章鸿钊考中秀才后，应邀当私塾教师数年，1902 年以第一成绩考入上海南洋公学开办之东文书院。除学习文外，还兼学历史、地理、哲学、社会学诸门。他在校期间、学习努力，仅学一年余，便对本文义已尽了解，课余开始译书。本想 3 年后毕业工作，不料洋公学因经费支绌而决定将东文书院停办，这对求学以报祖国章钊来说，实是意外之打击，被迫于 1904 年辍学返家。同年秋奉原东文书院校长罗韫锡函召，去广州在两广学务处襄办辑教科书。1905 年官费赴日本留学，考入日本京都第三高等学校，毕业后本拟转入大学农科，由于农科名额所限，只能改变学科。

章鸿钊在这关键时刻，抱定"宜专攻实学以备他日之用"宗旨，决然改学地质。当时他认为，"予尔时第知外人之调查中地质者大有人在，未闻国人有注意及此者。夫以国人之众，无一人焉得详神州一块土之地质，一任外人之深入吾腹地而不知也，已可耻矣。且以我国幅员之大，凡矿也、工也、农也、文地理也，无一不与地质相需。地质不明，则弃利于地亦必多，不知土壤所宜，工不知材料所出，商亦不知货其所有、易其所无如是而欲国之不贫且弱也，其可得乎？地质学者有体有用，仅其用言之，所系之巨已如此，他何论焉。予之初志于斯也，不其后，不顾其先，第执意以赴之，以为他日必有继予而起者，不患无同志焉，不患无披荆棘、辟草莱者焉。惟愿身任前驱与倡之责而已"。这段自述，充分反映了他决心开创祖国地质事业的宏伟愿望。1911 年从东京帝国大学理学部地质系毕业获学士学位之后，立即回国开展工作。

1911 年 9 月，当时京师学部举行留学生考试，他赴京参考，最优等成绩而得"格致科进士"。同榜中还有一从英国学地质归来的丁文江，同行相遇，相谈甚洽，都有一颗为创办我国地质事业的决心。他随即应聘为京师大学堂农科的地质学讲师，所以章鸿钊是国人在大学讲授地质学的第一人。

1912 年中华民国临时政府在南京成立，章鸿钊在实业部矿政司下设的地质科任科长。为实现其远大抱负，35 岁的章鸿钊认为中国地大物博，资源丰富，但必须勘查以摸清家底，于是行文各省考查征调 4 项：地质专门人员、地质参考品、各省舆图、矿山区域图说。并拟就《中华地质调查私议》一文，强调地质工作之重要，以唤起全国人民关注，文末附筹设地质研究所简章，意在培养青年。经过一番艰辛努力，于 1913 年地质研究所正式在北京成立，章鸿钊任所长。此命名为地质研究所，实为我国最早的一所地质专科学校。此后，他便全力以赴培养地质人才。

1916 年地质研究所培养的学生毕业之后，与该所同时成立的地质调查所扩大，章鸿钊便出任地质调查所地质股股长，从事地质矿产的综合研究工作。

1922 年，在章鸿钊积极倡导下，于年初成立中国地质学会，章鸿钊被推选为首任会长。这一学术团体为中国地质事业的发展起了十分重要的作用。

1928 年因病，只得放弃野外地质调查，决意辞去地质调查所工作，以便有较多时间休养并从事著述。此后一段时期，章鸿钊撰写论著甚多，涉及地质科学的多个领域。

抗日战争时期，章鸿钊因年高多病而困居北平，闭门谢客。1940 年因长子病故而心情不佳。1941 年乘车失足致使左足踝骨骨折，入院近年始愈，因经济拮据，部分医药费用仗他的学生自重庆馈赠。当时日本侵略者屡次赴其家门敦请出山，他始终不从，拒绝同日本人合作。在经济条件极端困难时，宁愿将整套地质书籍出售度日，仍坚决不向侵略者低头。

1946 年应聘为南京国立编译馆编纂，从上海迁居南京地质调查所，专心著述。

为了开展我国的地质工作，章鸿钊认为必须有人才才能去开创事业。1911 年从日本学成归国不久，即应聘于京师大学堂农科讲授地质学。自地质研究所——我国最早的一所地质专科学校于 1913 年在北京正式成立之后，他便不遗余力投身于地质教育，培养地质人才。章鸿钊精心地安排了学制与课程（共 3 年），基础课有国文、微积分、解析几何、三角、物理、化学、定性分析、定量分析、图画等；专业基础课有动物学、地理学、地文学、测量学、机械学、照相术等；专业课有地质通论、普通矿物学、造岩矿物及岩石学、古生物学、地史学、构造地质学、矿床学、冶金学及采矿学等。外语课除学习英语外，还开德语。保证了学生有比较扎实的基础知识和深厚的专业知识。同时，章鸿钊十分重视野外地质工作能力的培养，增加了野外实习时间。3 年共安排野外实习 11 次，每次短者数天，长者月余，在每次实习之后，都要写野外实习报告，章鸿钊亲自批阅学生实习报告，审定通过后方许参加期终考试。

章鸿钊致力于中国的地质教育培养了我国第一代地质人才。

章鸿钊深知办学优劣之关键在于教师的素质，所以为选聘教师曾多方苦心奔走。1913 年从比利时学习地质获博士学位回国的翁文灏，立即被聘为地质研究所专任教授，其余如教冶金学、采矿学、测量学、德文等课程的教师，都是他悉心选聘的专家来兼职。他自己不仅具体组织领导地质研究所，而且也直接参加教学工作，课前精心编写讲义，讲授地质学、矿物学等科目。他不仅在课堂上讲解，而且亲自带领学生去野外实习，多方面地培养他们的实际工作能力。

地质研究所的学生，初招 30 名，其中有的未报到入学，有的中途因故、因病退学，到 1916 年毕业时共为 22 人，其中得毕业证书的 18 人，得修业证书的 3 人，未得任何证书的 1 人。这些数字从一个侧面反映了章鸿钊治学要求之严。毕业生中的叶良辅、谢家荣、朱庭祜、王竹泉、谭锡畴等 10 余人由农商部安排到地质调查所工作。正是这些人进入地质调查所之后，我国的地质调查工作才真正开展起来。如河北、山东、山西、河南、江苏的地质图幅，就是由他们填制编绘的。事实证明，地质研究所培养的学生具有深湛的专业知识和很强的实际工作能力。其中很多人都成为我国地质界极有影响的骨干力量。这就说明，章鸿钊主持的地质研究所办学是有成效的，由国人培养的第一批地质人才是成功的。

还应提到的是，1914 年时地质研究所归属农商部，部长张季直认为该所的性质应属教育部，欲立即下令解散，后来全仗章鸿钊两次陈述意见，经过一番周折，张季直虽不坚持立即解散，但令办至该班学生毕业为止。所以，地质研究所得以如期培养出我国第一批地质人才，章鸿钊悉心创业之功，将永留中国地质教育史册。

章鸿钊积极倡导地质教育事业，以身作则，为人师表，从不懈怠。地质研究所毕业生叶良辅在毕业后 30 余年撰文说："领导我们的老师是章（鸿钊）、丁（文江）、翁（文灏）三先生。他们极少用言辞来训导，但凭以身作则来潜移默化"。他们"奉公守法，忠于职务，虚心容忍，与人无争，无嗜好，不贪污，重事业，轻权利"，这些为人之道，潜移默化使得"地质调查所内部，颇富于雍雍和睦，与实事求是的风气，从未有恭维迎合，明争暗斗，偏护猜忌的那些衙门恶习"。

1946 年 10 月 27 日，中国地质学会为表彰章鸿钊"民国初年创办最早之地质教育机关……其本人对于研究工作之兴趣，数十年来从未稍减。在矿物、岩石、地质构造及地质学史等方面，均有重要贡献"，授予金质葛利普奖章。

章鸿钊除了从事地质教育之外，还在地质科学的多个领域开展研究工作。他以其渊博的数理知识，早在 1926 年就发表《从相对说检讨地质的同时》，说明地质学上的"空时"问题应如何处理。他着重指出："中国地层对比工作不应单以古生物为标准，有时不如以造山期为标准尤为适宜。"造山运动是划分地史时期的主要根据之一，因为地层对比工作决不能脱离地质构造。所以提出这一看法，对地质科学的基础工作是具有指导意义的。后来又相继发表《从原子能推导地史晚期地理与地质同时变迁之源》《造山运动于地史上象征同时之规范并其施于对比之效力》（1951 年），正确地阐明了时间、空间联系的重要性。

章鸿钊十分注意震旦运动问题。早在东京学习地质时，在导师小藤文次郎指导下对太平洋区地质构造发生兴趣，对日本三岛起源问题常加注意。1936 年撰文《中国中生代晚期以后地壳运动之动向与动期之检讨，并震旦方向之新认识》，详细阐述了我国的震旦运动，并且指出："日本三岛即非全部出自震旦运动之赐，亦必与南岭山脉同为震旦运动重要区域"。1947 年章鸿钊又撰文《太平洋区域之地壳运动及其特殊构造之成因解》，根据震旦运动动向和主要火成岩特点，注意到太平洋西岸（即我国东南沿海与东岸，尤在北美西侧）自侏罗纪后均可分为 5 期造山运动。这种看法，对太平洋区域地壳运动的认识是富有启发性的。

章鸿钊在学术上最显著的成就是对中国地质学史、矿物学史的研究。章鸿钊少时就感到"每遇金石名类，辄多未解，前人笺释，亦只依类相从，不加细别"而大为不便。所以从日本归国后，产生订正名物的想法。我国历代典籍涉及金石者为数众多，"一名数物"、"一物数名"、"同名异译"等混乱现象十分普遍。他抱定第一，要沟通古今中外名实，追求其异同沿革；第二，要推论古代文和金石的关系；其余对于是非真伪聚讼不决的问题，也要在可能范围内加以科学的或比较合理的剖析的宗旨，他耗费六七年时间完成 20 万字的巨著《石雅》，于 1921 年出版。这是研究中国矿物学史的开创性工作。该书史料丰富，论述精详，例如经过详细考证，认为古书中的"襄阳甸子"就是绿松石；《山海经》中所称的"涅石"就是矾土石或明矾石，而"石涅"则是石墨。《石雅》确实起到了"沟通古今中外名实"、了解"其异同沿革"的作用，无论对中国学者还是外国学者，都是研究中国古代矿物知识史的一部重要著作。英国剑桥大学 J·李约瑟所著《中国科学技术史》、第 25 章"矿物学"曾把《石雅》列为主要参考文献，并多处引用。

1922 年，章鸿钊在中国地质学会成立大会上的演说词为《中国研究地质学之历史》，其中历述《禹贡》《山海经》《诗经》等典籍和庄周、颜真卿、朱熹等人对于风化、侵蚀、石化、化石等地质现象的认识，并指出这是我国古代学者地质思想之根苗。章鸿钊为颂扬中华民族文化，先后发表了不少这方面的论著，《中国地质发展小史》即是其中之一。

章鸿钊很早就注意到我国用锌的问题，相继发表论文《中国用锌之起源》（1923 年）和《再述中国用锌之起源》（1925 年）。他据分析新莽泉布含锌的事实，认为《史记》及《前汉书》中提到之"连"（或作"链"）即为锌矿之一种，由而隋唐之"镴"、宋之"白锡"，也当属之，并且又以分析四铢半两钱无不含锌为证，提出中国之用锌可远溯至西汉文景之世（公元前 179—前 141 年）。这种见解，无论对于矿物学史或冶金史的研究，都是有所启迪的。

在研究了美国 B. 洛乌弗尔所著《中国伊兰卷》之后，又出版《洛氏中国伊兰编金石译证》，对洛氏书中金石部分作了译证。除译证之外，又专列"紫磨金"、"鍮石"和"金精"三者之补证，行文旁搜博考，实事求是，其中尤以"鍮石"（铜锌合金，即黄铜）为最。洛氏认为中国"鍮"字是从波斯语"偷梯雅"音转而来，章鸿钊经详细考证，其实是由支谦（公元 222—280 年吴国人）翻译印度梵文《阿难四字经》中"坦拉"

一词音转而来，并且指出"鍮石"二字虽出自梵文，但"若言中国与印度用锌之先后，似尚不能视鍮石之出处为断"，"一物之微其所系于一国之文化实至巨，故复诠释而详述之"。

章鸿钊于 1935 年着手编撰《古矿录》，据我国两汉以来多种史书中有关矿产地点的资料，"以行省为经，以历朝为纬"，按矿种加以汇编，并作图示。数年间不辞辛苦，常伏案于北京图书馆搜集钩沉，到 1937 年 60 岁时方脱稿，1938 年又再整理注释，并加一词《水调歌头·好江山》于卷首。他对日本侵略者入侵义愤填膺，在词中用双关语"浩荡江河南北，赤县神州万里，终古地灵蟠"来抒发他对正义力量必将盘踞江河南北、神州万里的爱国情怀。词末两句"不信江山改，依旧好江山"，更是直截了当地表达他不信江山能为日本侵略者所改，依旧是我大好江山的坚强信念。章鸿钊之不屈侵略势力、昂然翘首之态跃然纸上。该书 1954 年由地质出版社出版。

1949 年 9 月，在中华人民共和国即将成立前夕，虽已 72 岁高龄，章鸿钊仍欣然应聘出任浙江省财政经济处地质研究所顾问，为新中国的地质工作尽力。1950 年 8 月 25 日，中国地质工作计划指导委员会成立，李四光出任主任委员，由周恩来总理任命章鸿钊为该委员会顾问。同年 11 月，章鸿钊专程从南京去北京参加中国地质工作计划指导委员会第一届扩大会议，并致开幕词。他说："我从事地质工作已经 43 年，从来没有像今天这样愉快。过去环境不好，在沉闷中过日子，自从人民政府成立，情况大变，很重视地质工作……今天我们在好的环境下齐集一堂，是开地质界的新纪元。希望大家努力团结，为新中国的大事业而努力"。这段话语，十分清楚地反映了章鸿钊这位中国地质界的元老对地质学人的厚望。当年他被邀请作特邀代表参加南京市人民代表大会，曾赋诗畅舒情怀："爆竹声声祝太平，于今始解问苍生，林间小鸟解人意，也效嵩呼闹晚晴。"

章鸿钊是一位渊博的学者，治学旨趣不尽以地质为限，他既是地质学家、岩石学家、矿物学家，又是爱国诗人。他撰有不少诗词佳作，来表达他不同时期的情怀。1946 年 69 岁时写的一份《自述》里，作有治学七律一首：

> 治学何尝有坦途，羊肠曲曲几经过。
> 临崖未许收奔马，待旦还应傲枕戈。
> 虎子穷搜千百穴，骊珠隐隔万重波。
> 倘因诚至神来告，倚剑长天一放歌。

其中充分反映了章鸿钊治学严谨，追求真理不怕艰险的坚毅精神。就在他准备将已成而未付印之稿册得择要次第问世，在治学征途上继续攀登之时，不幸因患肝癌不治，在 1951 年 9 月 6 日逝于南京。

1951 年，在中国地质学会召开的章鸿钊先生追悼会上，李四光特别陈述了章先生早年创办地质研究所的劳绩和高尚品格，并且着重说："章先生为人正直而有操守，始终不和恶势力妥协；他站在中国人民一边，多次拒绝和日人合作，对于中国地质事业的开创贡献尤大。因此中国地质事业的创始人不是别人而是章先生。"

为了纪念我国地质事业的创始人之一、中国地质学会首任会长、杰出的地质学家和地质教育家，中国地质学会地质学史研究会和武汉地质学院联合于 1987 年 4 月召开纪念章鸿钊诞辰 110 周年大会，并且专门组织出版了章鸿钊遗著《六六自述》和《宝石说》。同年 10 月，又与北京大学联合召开纪念丁文江先生 100 周年、章鸿钊先生 110 周年诞辰中国地质事业早期史讨论会，会议期间专门播放了由章鸿钊作词并谱曲的录音带《水调歌头·好江山》，地质界学人都深深地怀念着敬爱的地质先辈。

为纪念我国地质学家章鸿钊先生，将 1957 年、1960 年我国地质调查队分别在大柴旦湖、内蒙古包头新发现一种含硼酸镁盐矿物命名为章氏硼镁石、亦可译为鸿钊石。1969 年李四光选章鸿钊《石雅》一书给毛泽东主席参阅，英国大英图书馆将章鸿钊《石雅》著作存入档案。

章鸿钊先生的主要著作：

1. 章鸿钊. 世界各国之地质调查事业. 地学杂志，1910（3，4）；1911（12~14）.

2. 章鸿钊. 中华地质调查私议. 地学杂志，1912（1，3，4）.

3. 章鸿钊，翁文灏. 地质研究所师弟修业记. 京华印书局，1916.

4. 章鸿钊. 石炭纪略. 农商公报，1918.

5. 章鸿钊. 三灵解. 法轮印刷局，1919.

6. 章鸿钊. 石雅. 农商部地质调查所印行，1921；1927.

7. 章鸿钊. 中国研究地质学之历史. 中国地质学会志，1922，1（1）.

8. 章鸿钊. 达尔文之天择律与庄子之天钧律. 学艺，1923，6（2）.

9. 章鸿钊. 中国用锌之起源. 科学，1923，8（3）；中国地质学会志，1923，2（1~2）.

10. 章鸿钊. 杭州西湖成因一解. 科学，1924，9（6）；中国地质学会志，1924，3（1）.

11. 章鸿钊. 火山. 商务印书馆，1924.

12. 章鸿钊. 洛氏中国伊兰卷金石译证. 农商部地质调查所印行，1925.

13. 章鸿钊. 地质学与相对说. 科学，1925，10（9）.

14. 章鸿钊. 从相对论检讨地质的同时. 学艺，1925，8（1）；中国地质学会志，1926，5（1）.

15. 章鸿钊. 中国温泉之分布与地质构造之关系. 地理学报，1926，2（3）；第三届泛太平洋科学大会论文集，1926.

16. 章鸿钊. 从宝石所得古代东西交通观. 地学杂志，1930（1）. 1931~1947

17. 章鸿钊. 十五年来中国地质研究. 学艺小丛书第七种，1931.

18. 章鸿钊. 中国中生代晚期以后地壳运动之动向与动期之检讨并震旦方向之新认识. 地质论评，1936，1（1）.

19. 章鸿钊. 中国中生代初期地壳运动与震旦运动之异点. 地质论评，1936，1（3）.

20. 章鸿钊. 中国地质学发展小史. 商务印书馆万有文库第二集七百种，1936.

21. 章鸿钊. 川盐之分布与震旦运动之关系.

参 考 文 献

章鸿钊. 1910. 世界各国之地质调查事业. 地学杂志, 3, 4.

章鸿钊. 1911. 世界各国之地质调查事业. 地学杂志, 12 ~ 14.

章鸿钊. 1912. 中华地质调查私议. 地学杂志, 1, 3, 4.

万京民（1957—），男，中国地质图书馆，助理研究员. 研究方向：地学文化. 通讯地址：北京市海淀区学院路 29 号，北京 8324 信箱，邮编：100083

论地大精神的文化渊源及其内在逻辑

刘 佳

（中国地质大学（武汉）计算机学院 湖北武汉 430074）

摘 要：大学精神本质上是一种文化形态，是多种文化要素共同作用的结果。中国地质大学在60多年的办学实践中，形成了以"艰苦朴素，求真务实"为核心的地大精神，从文化要素的视角研究地大精神具有重要意义。研究发现，地大精神内在地包含着古今中外多种文化要素，中华传统文化为地大精神的形成提供了丰厚的文化滋养，红色革命文化规定了地大精神的政治品格和思想魅力；地质特色文化赋予地大精神以行业色彩和地学特征；西方科学文化使地大精神更加开放包容。

关键词：文化要素；大学精神；地大精神；中国地质大学

一般认为，"大学精神"是大学在办学的历史过程中形成的办学理念和大学人共同的价值追求，是经过长期的历史沉淀、凝聚、发展而形成的[1]。大学精神在本质上是一种文化形态。对我国的大学而言，大学精神就是中国传统文化、社会主义先进文化以及世界一切文明成果在大学建设、发展实践中的高度凝练和集中表达，是大学文化软实力的核心要素。大学精神形成的历史逻辑决定了，任何一所大学都拥有其"主体性"的精神体系和文化传统，一所大学的大学精神是高等教育一般性价值和大学办学实践特殊性历史所共同决定的，是文化逻辑与历史逻辑的辩证统一。从形成逻辑来看，大学精神的形成是由"双动力"系统推动的：一是历史动力系统，即一所大学的办学实践和发展历史为大学精神的形成提供动力源泉和丰富资料；二是文化动力系统，即大学精神是一个立体、多元、开放的文化形态，是在多种文化要素的交融互鉴中形成并发展起来的。当前，学界对大学精神形成的历史动力系统关注较多，对文化动力系统研究较少，这无疑是当代大学精神研究中的一件憾事。

中国地质大学创建于1952年，是新中国成立后中共组织领导建设的专门从事地质人才培养和地球科学研究的高等地质教育学府，为新中国地矿事业发展和地学人才培养做出了重要贡献。在60多年的办学实践中，中国地质大学形成了以"艰苦朴素，求真务实"为核心的地大精神，构建起具有鲜明地学文化特点的大学精神文化体系，学校办学实力、文化软实力和社会影响力大幅提升。与其他高校的大学精神的形成逻辑相似，地大精神也是历史逻辑与文化逻辑相互作用的结果。本文将以地大精神为例，研究大学精神构成的文化渊源以及大学精神形成的文化逻辑，为进一步拓宽大学精神研究的理论视阈提供借鉴。

1　中国传统文化：地大精神形成的民族性文化要素

文化具有民族性。胡锦涛指出："一个没有文化底蕴的民族，一个不能不断进行文化创新的民族，是很难发展起来的，也是很难立足于世界民族之林的"[2]。中华民族拥有5000 多年的灿烂文明和光辉历史，中华民族在 5000 多年的漫长历史长河中形成了具有鲜明民族特色和地域特色的传统文化，构建起华夏儿女共同的精神家园，支撑起中华儿女共同团结奋斗的精神支柱。中华传统文化源远流长、博大精深、体系完整、内涵丰富，是中华民族对人类社会发展史的最大贡献，也是中华民族发展史上的宝贵精神财富。正如习近平指出："在历史进程中凝聚下来的优秀文化传统，绝不会随着时间推移而变成落后的东西。我们绝不可抛弃中华民族的优秀文化传统，恰恰相反，我们要很好传承和弘扬，因为这是我们民族的'根'和'魂'，丢了这个'根'和'魂'，就没有根基了"[3]。

大学是世界的，也是民族的；大学精神是世界文明宝库中的瑰宝，也是民族文化在现代高等教育领域中的延伸和体现。地大精神与中华传统文化紧密相连、相互影响、互为促进，一方面，中华传统文化为地大精神的形成提供了丰厚的文化滋养和文化素材；另一方面，地大精神也是中华传统文化精髓在我国现代高等地质教育事业中的具体彰显和生动体现，推动了中华传统文化在高等地质教育领域中的现代性转化。

中华传统文化为以"艰苦朴素，求真务实"为核心的地大精神提供丰厚滋养。中华民族是一个饱受辛酸、历经苦难的民族，也是一个顽强抗争、不屈不挠的民族，中华民族历来崇尚艰苦奋斗，历来追求务实求真。可以说，"艰苦朴素，求真务实"不仅是地大人精神风貌的折射，也是中华民族整体精神气质的注脚。首先，中华传统文化中的"大国家观"是地大精神构成的核心要素。"天下为家"、"修身、齐家、治国、平天下"、"精忠报国"、"天下兴亡，匹夫有责"等中华传统文化思想为调节个人与国家的关系提供了道德原则和实践原则，强调个人构成社会，社会组成国家，个人利益、局部利益要服从于国家的整体利益和长远利益，这既是个人向国家"尽忠"的体现，也是维护社会关系稳定、强化国家集中统治的要求。中国地质大学既是时代的产物，也是国家需要的产物。在 60 多年的办学实践中，中国地质大学始终牢记国家嘱托、满足国家需要、培养国家人才，为共和国地质事业发展和地学人才培养做出了不可磨灭的贡献。殷鸿福院士曾用一首诗诠释了地大精神与国家责任的关系："修身报国吾辈志，创新求实人生路。问道务须争朝夕，治学切记急功利"[4]。其次，中华传统文化中"天行健，君子以自强不息"、"夙夜在公"、"先天下之忧而忧，后天下之乐而乐"等思想体现了艰苦奋斗、甘为奉献、自强不息的精神品质，这与艰苦奋斗的地大精神高度契合。在 60 多年的办学实践中，中国地质大学历经艰苦创业、南迁办学，曾一度几易其名，尽管历经磨难，但学校广大师生仍然保持昂扬向上的精神风貌、艰苦奋斗的扎实作风，在地质人才培养和地球科学研究等领域取得一系列重大成绩，为人民做出了自己应有的贡献。再次，中华传统文化中"求真、务实"的思想赋予地大人以追求真理、挑战权威、大胆创新、不怕失败的治学精神。"天不变其常，地不易其则"、"天道远，人道迩，非所及也"、"师者，传道、授业、解惑也"等思想重视并承认自然界存在的客观规律，反对封建迷信观念，强调要发挥人的主观能动性，探求未知的世界和隐藏在自然界中的规律。

地大精神是中华传统文化在地质高等教育事业中的现代性转换的思想结晶。中国传统文化随着时代的推移在不断拓展和发展，它只有同具体的时空环境、具体的行业人群、具体的生活实践相结合，才能生长出新的生命点。翟裕生院士是受中华传统文化深刻影响一代的典型代表，他在回忆自己的成长历程时说："自幼所受的家庭教育和学校教育中的传统道德：自幼随父亲在家中读书，小学中学时候又系统学习先贤的道德文章，这一切在幼小的心灵中印象深刻"[5]。他从中学时代起就接受进步思想，大学时加入了中国共产党，在党的教育下无论在教学管理还是科研工作中，都自觉地把党的事业和人民利益放在高于一切的位置，勤奋工作，不断学习，严于律己[6]。翟裕生院士正是从小接受了中华传统文化的教育和熏陶，使其幼小的心灵深处生长出爱国为民、艰苦奋斗、追求卓越的可贵精神，这在另一个层面折射了中国传统文化对地大精神形成的塑造意义和功能。

2 红色革命文化：地大精神形成的政治性文化要素

中国共产党是一个十分注重思想建设的马克思主义政党，中国地质大学是中共亲自缔造的地质教育高等学府，中国地质大学的历史传统中自然也流淌着红色革命文化的基因。中国共产党在 90 多年的奋斗历程中，把政党的政治诉求和人民群众的政治期盼结合起来，在革命实践基础上形成了"红船精神"、"井冈山精神"、"长征精神"、"西柏坡精神"、"铁人精神"、"雷锋精神"、"两弹一星精神"等具有鲜明时代特征的红色革命文化。马克思主义唯物史观认为，文化具有阶级性和政治性特征。毛泽东曾说："革命文化，对于人民大众，是革命的有力武器。革命文化，在革命面前，是革命的思想准备；在革命中，是革命总战线中的一条必要和重要的战线"[7]。红色革命文化是社会主义先进文化的组成部分，是地大精神形成的社会性文化要素，赋予地大精神以红色文化基因，决定了地大精神的政治取向和价值目标。在中国地质大学建设发展的各个历史阶段，挖掘红色革命文化基因，开展革命历史传统教育，是学校开展思想政治教育活动的重要手段，也是地大精神建构的一个重要逻辑。

一方面，"革命家办学"是红色革命文化与地大精神相结合的起点。中国地质大学的前身——北京地质学院是新中国成立后中国创建的第一批地质教育高等学府。按照高等教育实践的历史传统，"教育家办学"是大学建设的一个基本原则。然而，北京地质学院的创建却创造性地开启了"革命家办教育"的先河。北京地质学院的首任院长刘型长期从事革命斗争，具有丰富的革命实践经验，他早在北伐战争时期就参加革命工作，后来考入黄埔军校武汉分校，参加了讨伐夏斗寅叛变和湘赣边界秋收起义，参加了湖南和平解放和湖南社会主义革命与建设工作，曾任中共湖南省委常委兼秘书长、省委城市企业部部长、省人民检察院检察长。1952—1958 年担任北京地质学院党委书记兼院长，他带领广大师生克服学校创建初期的重重困难，使学校各项事业很快走向正轨，建立起北京地质学院的学科体系、管理体系和教学体系，为学校建设发展奠定了坚实基础。我们不禁感慨，一位职业革命家是如何转型成为教育家的？刘型的子女在回忆中给出了答案："在北京地质学院，您带头学习俄语，带头学习'地质普查'大专课程，您仍然保持着红军党代表的英姿，在攀登科学的高峰中带头冲锋了！"刘型作为北京地质学院的首任院长，在高等地质教育事业中继续保持和弘扬红色革命文化和革命传统，继续冲锋在前、开拓进取、奋勇争先，奠定了学校今后60多年办学发展的基石，地大精神在学校创建伊始就被植入了红色革命文化的基因和元素。

另一方面，中国地质大学在各个历史阶段都十分重视红色革命文化的宣传教育。红色革命文化教育是学校党委思想建党的重要环节。建校初期，学院领导经常向青年教职工和学生进行革命传统教育，在学校开展义务劳动（如修田径运动场、游泳池等）、艰苦朴素和自己动手（如理发、修理）的活动，高年级对新入学同学进行传帮带，外出实习期间坚持同农民同时同住同劳动，为群众做好事[8]。1964年10月7日，北京地质学院党委副书记李庚尧主持召开学生思想政治工作会议，提出"政治工作的基本任务是用毛泽东思想和总路线精神教育青年"，会议通过《加强学生思想政治工作的决定》[9]。1978年中共十一届三中全会后，为了尽快适应社会改革对高等教育的新要求，学校进一步加强了红色文化的宣传教育力度，1980年4月，学校党委印发《关于加强学生思想政治工作的决定》指出，学生思想政治工作的中心任务是大力宣传四项基本原则，坚持以四项基本原则为主的思想政治教育，实行专职政治辅导员制度，设立青年工作部。在1992年建校40周年前夕，学校建成了校史馆。馆藏集中反映了学校艰苦创业的历史和优良传统，对学生进行校史教育已经成为所有新生入学教育的固定内容。学生通过了解母校的历史和传统、理想和追求、价值和文化个性，不仅形成爱校情感，而且通过肯定传统，初步形成艰苦奋斗的意识[10]。

3 地质特色文化：地大精神形成的行业性文化要素

伟大的事业孕育伟大的精神，不同行业具有不同的精神文化体系，例如航天事业有"载人航天精神"、石油事业有"大庆精神"、"铁人精神"、铁路事业有"火车头精神"、足球事业有"女足精神"。地大精神同样也是一种行业文化，地大精神依托于地质行业而存在，地质行业赋予地大精神以独特的行业属性和产业特征。其中，地质特色文化——地质精神是构成地大精神的行业文化要素。

地质精神可以用"三光荣精神"来概括。新中国成立后，加强地质工作越来越得到中央领导同志的重视。1957年，刘少奇在接见北京地质勘探学院应届毕业生代表时说："地质工作是国家很紧要的工作，要建设我们的国家，就必须要有地质工作。没有地质工作，我们就像瞎子一样，不知道哪里有铁，哪里有煤，哪里有什么矿藏。所以，要进行大规模建设，势必要加强地质工作"[11]。改革开放后，地质工作得到了进一步发展，为社会主义现代化建设提供了有力支撑。1983年3月9日，全国地质系统基层模范政治工作者表彰大会召开，地矿部部长朱训提出"在全国地质系统深入持久地开展以共产主义思想为核心，以献身地质事业为荣、以艰苦奋斗为荣、以找矿立功为荣的'三光荣'教育"。1990年2月，江泽民在听取地矿部工作汇报后指出："地矿职工任务艰巨，工作艰苦，特别是肩负勘探的野外地质队的工作更为艰苦。从事地质工作没有一定的抱负不行，没有事业心、不爱这个职业不行。李四光在旧中国就热爱地质事业。要有'三光荣'精神，要从政治思想上加强宣传"[12]。"三光荣"精神集中概括了地质精神的丰富内涵，体现了地质人以地矿事业为己任的责任意识，反映了地质人的崇高理想、职业操守、行为规范和高尚品格。"'三光荣'精神已经成为地质文化的核心，成为鼓舞和影响一代又一代地质人的精神支柱和力量源泉"[13]。

从一定意义上讲，地质精神与地大精神是高度统一的。中国地质大学是一所地质行业特色高校，担负着为国家培养高级地质人才的重要使命。中国地质大学的人才培养目标与地质行业人才需要的标准相适应，中国地质大学科学研究的导向与地质行业科学研究的任务相衔接，中国地质大学的大学精神也应当与地质行业的行业精神相一致。可以说，地质精神赋予地大精神以丰富的行业内涵，地质精神的拓展和发展进一步丰富了地大精神的内容体系和实践体系。在60多年办学实践中，广大地大人以高度的历史责任感和使命感，不畏艰辛、勇挑重担、吃苦在前、不求回报，奔走于国家找矿事业的最前线，用双脚丈量祖国的大地，用汗水为国家寻找丰富的矿藏。中国地质大学（武汉）陈华文博士在一篇纪实性学文作品中这样描述地大人的找矿场景："在野外，每一位教授都是'拼命三郎'，他们总是最先起床，在安排了师生们早餐、检查出行车辆的安全之后，接下来部署一天的地质调查路线和工作计划。在野外，教授们背着地质包，胸前挂着罗盘、放大镜，手拿对讲机，和同学们一同走在茫茫戈壁滩上"[14]。

4　西方科学文化：地大精神形成的国际性文化要素

文化没有国界之分、没有种族之分，文化是开放的、也是流动的。文化建构与发展的内在逻辑决定了某种思想文化体系必须主动融入变革与发展的时代主题，必须主动顺应改革与发展的社会实践，必须坚持开放、包容、互鉴、共生的文化发展理念，以更加积极的姿态与世界不同国家优秀文化、与世界一切文明成果交流对话、取长补短、共同发展。正如毛泽东所说："中国应该大量吸收外国的进步文化，作为自己文化食粮的原料"[1]。中国特色社会主义先进文化的构建应当遵循以上原则，作为社会主义先进文化的组成部分，地大精神的建构同样也应当遵循上述原则。

研究大学精神，就需要在教育国际化的大背景下审视当代大学的未来走向。有学者指出："中国的大学正前所未有地与国际高等教育体制接轨融合，大学应当努力实现教育与学术资源的国际共享，着力培养具有全球意识、较高文化品位和较强国际竞争力的创新型人才，并在本土化的基础上加速实现国际化的进程，努力在竞争中成为国际多元文化沟通和融合的桥梁，提升自身文化面对外来文化的自我调节能力，做到以我为主、兼收并蓄、吐故纳新、为我所用"[15]。对中国地质大学而言，弘扬和传播地大精神，就是要以开放包容的胆识和姿态主动融入世界文明多元文化的大格局中，汲取西方科学文化的有益元素，丰富和拓展地大精神的文化内涵。

西方国家是近代地质科学的诞生地。20世纪初，地质科学由西方传入中国，在传入的过程中，中国老一辈地质工作者，也继承了西方的科学精神，从而使西方科学精神成为中国地质精神的一个重要来源[16]。1952年建校以来，学校十分注重地质学领域的国际交流与合作，与有关国家建立了良好的战略合作关系，广泛引进西方地质科学研究最新成果、最新理念、最新技术、最新方法，结合我国地质科学研究实际加以改造、转换和创新，有力推动了我国地质科学和地质教育事业的发展。建校初期，受到国家"向苏联学习"政策的影响，学校学习苏联地质教育和地质科研的经验，1953年以来，先后有32名苏联地质学专家来学校讲学、授课、编写教材，为学校的教学工作提出指导和建议，苏联专家为学校的初创做出了十分重要的贡献。在社会主义建设时期，学校国际交流活动主要是与苏联和其他社会主义国家之间往来。1978年改革开放后，学校与世界各国高校的学术交流活动日益升温。1982—1987年，学校组织选派46人赴国外考察和短期学习，聘请国外知名专家来学校讲学授课。2001—2012年间，学校先后与德国、澳大利亚、俄罗斯、英国、加拿大、哈萨克斯坦、日本、越南等国外26所高校建立友好合作协议，来校合作的国外专家达到400余人次[17]。在改革开放政策的推动下，许多地大青年选择出国深造。他们学成归来，把所学知识和技术应用于国家建设和人才培养之中，义无反顾地投身于国家地质事业发展和地质人才培养工作之中，生动诠释着"拳拳赤子心"的爱国情怀。他们的举动是地大精神在高等教育国际化背景下的具体体现，进一步丰富了地大精神的时代内涵。

综上所述，地大精神内在地包含着古今中外多种文化要素，是多元文化形态在地质教育领域中相互作用的结果。中华传统文化为地大精神的形成提供了丰厚的文化滋养，红色革命文化规定了地大精神的政治品格和思想魅力；地质特色文化赋予地大精神以行业色彩和地学特征；西方科学文化使地大精神更加开放包容。

参 考 文 献

[1] 迟海波，刘文健. 大学精神走出困境的传播文化影响[J]. 科学社会主义，2012(4)：108～110.

[2] 中共中央宣传部. 论文化建设——重要论述摘编[M]. 北京：学习出版社，2012.10.

[3] 中共中央文献研究室. 习近平关于实现中华民族伟大复兴的中国梦论述摘编[M]. 北京：中央文献出版社，2013.33.

[4] 《百名教授谈人生》编委会. 支点——百名教授谈人生[M]. 武汉：中国地质大学出版社，2002.16.

[5] 中国科学院院士工作局. 科学的道路[M]. 上海：上海教育出版社，2005.1374.

[6] 赵克让. 地苑赤子——中国地质大学院士传略[M]. 武汉：中国地质大学出版社，2001.163.

[7] 毛泽东. 毛泽东选集(第2卷)[M]. 北京：人民出版社，1991.

[8] 中国地质大学校史编撰委员会. 励精图治五十秋——中国地质大学简史[M]. 武汉：中国地质大学出版社，2002.167.

[9] 《青春的足迹》编委会. 青春的足迹——中国地质大学共青团和学生工作大事记[M]. 武汉：中国

地质大学出版社, 2004. 25.

[10] 张锦高, 杨昌明. 走近 21 世纪——纪念中国地质大学建校 50 周年文集[M]. 武汉: 中国地质大学出版社, 2002. 394.

[11] 孙文盛. 先行颂[M]. 北京: 中国文史出版社, 2007.1.

[12] 宋瑞祥. 党和国家领导人与地质矿产工作[M]. 北京: 中央文献出版社, 1997.182.

[13] 张先余, 崔熙琳, 尚宇. 弘扬"三光荣"精神推动地质事业创新发展[J]. 中国国土资源经济, 2013 (10): 18~20.

[14] 陈华文, 吴春明. 大地文心——地学文化实践与探索[M]. 武汉: 中国地质大学出版社, 2015.31.

[15] 黄庆. 大学文化精神建构的支点与实现路径[J]. 中国高等教育, 2011(21): 43~44.

[16] 韦磊, 邹世享. 中国地质精神论[M]. 北京: 中国社会科学出版社, 2014.160.

[17] 郝翔, 王焰新. 中国地质大学史(1952—2012)[M]. 武汉: 中国地质大学出版社, 2012.136.

基金项目: 中央高校基本科研业务经费专项资金资助项目——中国地质大学（武汉）高等教育管理研究青年课题"以'艰苦朴素，求真务实'为核心的地大精神传播体系建设研究"（课题编号：2015GJB04）、湖北省教育科学规划项目"微时代语境下高校思想政治教育话语体系的构建与优化研究"（课题编号：2015GB015）、湖北省教育厅人文社会科学专项研究项目"'中国梦'视野下高校学生党员政治教育路径创新研究"（课题编号：16Z013）的研究成果。

作者简介: 刘佳（1989—），男，辽宁抚顺人，中国地质大学（武汉）计算机学院辅导员，法学硕士，研究方向：大学校史与大学文化。

通讯地址: 湖北省武汉市洪山区鲁磨路 388 号，中国地质大学（武汉）计算机学院 (430074)

联系方式: 18064049131; cugjia@126.com

地调百年，浓浓的人文文化情怀

胡红拴

（广东省地质学会，广州　510080）

地质调查事业在中国的现当代史中占有及其重要的位置，而人文文化又是中国地调百年不可或缺的一个重要部分。本文通过百年地调史上的几个人文文化节点，以图展示地调百年的浓浓人文文化情怀。

1　地质调查与人文文化的概念

地调事业是地学文化的一部分。百年地调，也是地学文化最为辉煌的一个重要时期。地调即地质调查。地质调查是一个国家寻找矿产资源、提高地质研究程度最基本和最有效的手段，是为国家一切部门和单位提供全国基础地质条件和基础地质资料的源泉，也是一个国家开展地质科学研究和地质教学的基础与前提。

人文，是一个动态的概念。《辞海》里是这样描述人文的。它说，"人文指人类社会的各种文化现象"。我们知道，文化是人类或者一个民族、一个人群共同具有的符号、价值观及其规范。

那么，究竟什么才是文化？首先我们要搞清文化的定义。文化一词起源于拉丁文的动词"Colere"，意思是耕作土地，后引申为培养一个人的兴趣、精神和智能。

除此之外，我个人对文化的进一步理解则是：文化其实是一种强势，是一种占领，是一种精神活动的"侵略"和控制。汉字中，中国的老祖宗已经给了一个很好的诠释，你看"文"，一点一横一撇一捺，俨然就是一个巍然屹立的巨人；"化"是什么？一个单人旁，一把匕首，即一个人持剑而立，这样的组合，自然将文化的立意和意义讲得十分透彻了。

"文"与"化"合成为一个整词，是在西汉以后，如"文化不改，然后加诛"（《说苑·指武》），"文化内辑，武功外悠"（《文选·补之诗》）。这里的"文化"，或与天造地设的自然对举，或与无教化的"质朴"、"野蛮"对举。因此，在汉语系统中，"文化"的本义就是"以文教化"，它表示对人的性情的陶冶，品德的教养，本属精神领域的范畴。

了解了这些，回过头，我们再说地学文化的文化渊源就比较容易说清楚了。

地学文化是个大文化。其实，在中国的文化典籍里，多有地学文化的"血肉"或

"精、气、神"的记述。五经中的《易经》堪称我国文化的源头，被誉为诸经之首，三玄之一。《易经》也叫做《周易》，就是周代之易，孔子定为五经之一。

《易经》中的地学文化是非常深厚的。用八卦重叠而成的六十四卦为结构框架，把中华民族在太古时代摸索总结出来的生活经验和生产经验，用抽象的符号记录下来，进一步以阴阳变化之道来分析，说明宇宙间的一切现象，通过卜卦来启示天道，地道，人道的变化规律。这种地道、人道的变化规律，也当是地学文化的一部分。

在中国传统文化里，"读万卷书，行万里路"几乎是妇孺皆知的治学之理。这一治学之理其实也包含了丰富的地学文化思想。

从先秦时期的《山海经》，到公元 6 世纪北魏时郦道元所著《水经注》；从历代文人墨客的"山水诗"，到明末徐弘祖经 30 多年旅行、以日记体为主撰写出的中国地理名著《徐霞客游记》。洋洋大观，几千年来，地学文化如血融于水，早已根植于浑厚无比的中国传统文化之中。

2 中国地调百年，事实上也是地学文化茁壮成长中的百年

中国地调百年，事实上也是地学文化成长中的百年，百多年来，中国几代地质人在创造着中国地质科学奇迹的同时，也在不断地丰富着地学文化，丰富着中华文化，镌刻创造着一个个地学文化的丰碑。

从 1910 年中国地学会主办的中国第一家地学期刊《地学杂志》，到如今汗牛充栋琳琅满目的各类地学典籍，中国百年的地质史创造了无数的文化经典和文化大师。

文学大师鲁迅与地质就渊源颇深。鲁迅于清光绪二十四年（1898 年）入南京陆师学堂，半年后即转入陆师学堂附设的矿路学堂学习矿业。清光绪二十八年（1902 年）他东渡日本后，仍注意地质学，除创作有地学名篇《中国地质略论》外，还发表有《中国矿产志》《中国矿产志例言》《中国矿产全图》等 6 篇文章或图件。他还曾手抄赖尔的《地学浅论》两大册，作《地学笔记》，译《金石识别》（原作者为美国地质学家德纳）等。

可以这么说，地质学是鲁迅一生中首先接触和系统学习过的第一门自然科学知识。1903 年 10 月 10 日鲁迅在《浙江潮》第八期以索子笔名发表的《中国地质略论》，虽非过去所说是中国近代地质史上的第一篇论文，但仍不失为早期重要的中国地质学论文之一。这篇近万字的论文分绪言、外人之地质调查者、地质之分布、地质上之发育、世界第一石炭国五大部分。

不但文学大家鲁迅有浓浓的地学情结，地学家们的文学情结也颇为浓厚。一代地质学大家翁文灏、丁文江、章鸿钊都是文化学者。地学大家李四光先生写过小说，黄汲清先生出过散文集。尹赞勋、杨钟健是中国地质学会会歌的词作者。翁文灏、朱夏的诗歌情怀，关世聪、刘光鼎等地质学家的文人气质和学养等等这些，都是近当代中国文化天空上的一颗颗璀璨明星。

地质学家袁复礼与西北花儿有着颇深的文化渊源。袁复礼教授（1893—1987 年）是我国著名的地质学家，同时他又是花儿研究学家。他在北京大学《歌谣周刊》82 期上发

表介绍花儿的文章《甘肃的歌谣——话儿》，刊登了他在甘肃收集到的 30 首花儿及 4 首小调，这是花儿第一次出现在世人面前，也正是这篇文章，拉开了花儿学术研究的序幕。

学者们的个性地学文化异彩纷呈，而在公共文化领域，地学文化的光彩同样夺目。1965 年发行影响了一代人的电影《年青一代》，曾以万人空巷式地让千万观众倾读地质学院毕业的肖继业和他的地质队的故事。

四十余年后，张艺谋的电影《山楂树之恋》，也让人们在品味静秋和老三荡气回肠的爱情故事之时，感受到了故事背后那摞地学文化的深厚。

事实上，文学家们眼中的地学文化，总是与他们的心相随，笔相应。郭小川、流沙河、牛汉、余光中、洛夫、常江等众多诗人的地学诗歌，巴金、李国文、毕淑敏等散文家们的地学情结和美文，都让地学文化的诗纛飘扬的更加威武雄壮，更加风骚。

3　我们的地学诗歌

21 世纪以来，当代诗坛又出现了一个诗歌新门类——地学诗歌。它是由地质诗人倡导、命名、推动，目前已得到诗坛的广泛响应和认可。地学诗歌是地学文化的重要组成部分，也是中国地调百年地学文化的一个重要文化品牌，分别有地学诗歌大赛、《地学诗歌大赛诗选》《中国地学诗歌双年选》《国土资源科普与文化》《中国国土资源报》《中国矿业报》及中国地质大学诗歌节的"地学诗歌展"、中山大学、广州大学、五邑大学等大、中学校的系列地学诗歌进校园和地学诗会、《地球语汇》《天下之水》等众多的地学诗歌集及地学诗歌研讨会等组成。地学诗歌包含山水诗、田园诗、地学科学诗及其他国土资源题材（涵盖地球科学的土地、测绘、地质、矿产、地理、水文、海洋、勘探、气候等）地学领域的诗歌。

地学诗歌大赛由中国国土资源作家协会、中国国土资源报社、"美丽中国"活动组委会暨全国网联、中国矿业报社、中国地质图书馆、中山大学、华南师范大学及各届承办地人民政府或党委宣传部主办，每两年举办一次。已先后在梅州、阳春、重庆举行了三届颁奖大会，出版了三部大部头的地学诗歌大赛诗选——《山语》《山韵》《山境》，除国内诗坛《诗刊》《星星诗刊》等机构的众多名家关注参与外，还吸引了包括洛夫、方明等境外诗人们的广泛关注。为方便读者了解，现摘录几首地学诗歌小诗：

《地球语汇》里的诗歌《侵入岩》

深部岩浆

总想突破牢笼

轻骑奔袭

遭遇域外的阴冷

未捷先死

染红他乡的土地

瞬间成就

侵入岩的一世英名

——摘自胡红拴诗集《地球语汇》

《天下之水》里的诗歌《暖日晨海》

晨海摇动了亿年前的那棵老树

旭阳成熟的果子

漫天撒下

浅海漂浮着

连天盖地的温情

2015.5.25 晨于海陵岛

——摘自胡红拴诗集《天下之水》

在九寨

如果说

岷山是位怀春的少妇，那么

九寨　黄龙就是她神秘的双乳

涪江　嘉陵

两条充足的乳腺

在秘境中演绎

生命的秘笈和食谱

九寨的海子是透明的

透明到可以让人窥见

窥见那心肌肌纤鉴藏的细叶碎片

空明空灵的中子

时时可以轰击观者的心灵

让你完备的躯壳

在不知不觉中，换尽

所有的配置装盛

九寨的水是清纯的玉女

不，她是灵性十足的艺术大家

你看，无色的水

在她的笔下

167

竟然可以跳跃升华
纳兰的绵绵诗情

王维的意气风发
都可瞬间融化
融化在孔雀河道的幽蓝
融化在镜海的镜鉴
融化在诺日朗瀑布波澜壮阔的高悬
也，融化在我心间流动着的
九寨溪水潺潺的涧畔

我想作一棵九寨沟的林木
当然，作一棵青竹更是我的理想
疏疏朗朗，清清淡淡
常年与山林为伴
与鸟兽为伴
与我的清溪花海九寨为伴
山原的陈酿
和着那糌粑的淳香
定会超过那忘忧的老汤
无管前生、今世、来生
都陶醉在这里
陶醉在，这
读，原始诗章
听，朝夕相处的琴音绝唱

——摘自胡红拴诗集《天下之水》

火山岛

蜗居在水下／太久／太久／以致你／伟岸的身躯／都长满了／岁月的青苔／久久地等待／用你的心／去化开／那万顷水幕／将捆绑的绳结／撕开／沸腾的热血啊／冲宵直上／让天空挂满红霞／让天下苍生／看看你／内心的世界／于是／你一展雄姿／冲出水面／从此／海上／又多了一个男子汉／展示风采

——摘自胡红拴诗集《海的畅想》

最后，我想，就以刚才我的那首《火山岛》诗歌作为结语。百年地调，饱含着百余年浓浓的地学人文情怀，愿我们的地质人在以后的岁月里，在探知地球，探知海空的同

168

时，不忘优良传统，为人类文化做出更大的贡献。

作者简介：胡红拴，中国作家协会会员，中国国土资源作家协会副主席、诗歌委主任，香港中文大学访问学者，中山大学兼职教授、研究生导师，广东财经大学及广州大学客座教授，安徽科技学院人文学院特聘教授，中国地质图书馆客座研究馆员，中央文史馆书画院南方分院艺术专家，广东省观赏石协会专职副会长、秘书长，广东省珠宝玉石首饰行业协会高级顾问，广东省工艺美协常务理事，广东省美术家协会会员，中国科普作家协会会员。二级作家，副主任医师。作品散见于《人民日报》《文艺报》《诗刊》《中国作家》《小说选刊》《花城》《南方日报》《羊城晚报》《散文百家》等报刊，出版有《山道》、《胡红拴诗选》、《地球语汇》等各类书籍 71 部，计 1000 余万字。是地学诗歌的倡导者和推动者。

地址：广州市白云区金钟横路 172 号云山雅苑 2 栋 202 房　　邮编：510405

电话：13318745618　E－mail：huhongshuan@163.com.